网络空间安全重点规划丛书

漏洞扫描与防护
实验指导

杨东晓　董少飞　李晨阳　王剑利　编著

清华大学出版社
北京

内 容 简 介

本书通过实验全面介绍漏洞扫描系统的功能与使用方法。全书分为 4 章,内容分别是漏洞扫描系统基本管理、漏洞扫描系统应用、漏洞扫描系统高级应用,以及综合课程设计。书中从漏洞检测、口令猜解、数据分析、系统管理 4 个方面对漏洞扫描系统的应用进行讲解,帮助读者更深入地了解漏洞扫描系统。

本书是"漏洞扫描与防护"课程的配套实验指导,可以作为信息安全、网络空间安全、网络工程等相关专业的教材,也适合负责网络安全运维的网络管理人员和对网络空间安全感兴趣的读者作为基础读物。

图书在版编目(CIP)数据

漏洞扫描与防护实验指导/杨东晓等编著. —北京:清华大学出版社,2019(2024.9 重印)
(网络空间安全重点规划丛书)
ISBN 978-7-302-53438-9

Ⅰ. ①漏… Ⅱ. ①杨… Ⅲ. ①计算机网络—网络安全—教材 Ⅳ. ①TP393.08

中国版本图书馆 CIP 数据核字(2019)第 179256 号

责任编辑:张　民
封面设计:常雪影
责任校对:时翠兰
责任印制:宋　林

出版发行:清华大学出版社
　　　　网　　　址:https://www.tup.com.cn, https://www.wqxuetang.com
　　　　地　　　址:北京清华大学学研大厦 A 座　　　　　　　邮　　编:100084
　　　　社 总 机:010-83470000　　　　　　　　　　　　　邮　　购:010-62786544
　　　　投稿与读者服务:010-62776969,c-service@tup.tsinghua.edu.cn
　　　　质量反馈:010-62772015,zhiliang@tup.tsinghua.edu.cn
　　　　课件下载:https://www.tup.com.cn,010-83470236
印 装 者:三河市人民印务有限公司
经　　销:全国新华书店
开　　本:185mm×260mm　　　　印　　张:14.5　　　　字　　数:331 千字
版　　次:2019 年 10 月第 1 版　　　　　　　　　　　印　　次:2024 年 9 月第 6 次印刷
定　　价:39.00 元

产品编号:080632-01

网络空间安全重点规划丛书

编审委员会

出版说明

21 世纪是信息时代，信息已成为社会发展的重要战略资源，社会的信息化已成为当今世界发展的潮流和核心，而信息安全在信息社会中将扮演极为重要的角色，它会直接关系到国家安全、企业经营和人们的日常生活。随着信息安全产业的快速发展，全球对信息安全人才的需求量不断增加，但我国目前信息安全人才极度匮乏，远远不能满足金融、商业、公安、军事和政府等部门的需求。要解决供需矛盾，必须加快信息安全人才的培养，以满足社会对信息安全人才的需求。为此，教育部继 2001 年批准在武汉大学开设信息安全本科专业之后，又批准了多所高等院校设立信息安全本科专业，而且许多高校和科研院所已设立了信息安全方向的具有硕士和博士学位授予权的学科点。

信息安全是计算机、通信、物理、数学等领域的交叉学科，对于这一新兴学科的培养模式和课程设置，各高校普遍缺乏经验，因此中国计算机学会教育专业委员会和清华大学出版社联合主办了"信息安全专业教育教学研讨会"等一系列研讨活动，并成立了"高等院校信息安全专业系列教材"编审委员会，由我国信息安全领域著名专家肖国镇教授担任编委会主任，指导"高等院校信息安全专业系列教材"的编写工作。编委会本着研究先行的指导原则，认真研讨国内外高等院校信息安全专业的教学体系和课程设置，进行了大量具有前瞻性的研究工作，而且这种研究工作将随着我国信息安全专业的发展不断深入。系列教材的作者都是既在本专业领域有深厚的学术造诣，又在教学第一线有丰富的教学经验的学者、专家。

该系列教材是我国第一套专门针对信息安全专业的教材，其特点是：

① 体系完整、结构合理、内容先进。

② 适应面广：能够满足信息安全、计算机、通信工程等相关专业对信息安全领域课程的教材要求。

③ 立体配套：除主教材外，还配有多媒体电子教案、习题与实验指导等。

④ 版本更新及时，紧跟科学技术的新发展。

在全力做好本版教材，满足学生用书的基础上，还经由专家的推荐和审定，遴选了一批国外信息安全领域优秀的教材加入系列教材中，以进一步满足大家对外版书的需求。"高等院校信息安全专业系列教材"已于 2006 年年初正式列入普通高等教育"十一五"国家级教材规划。

2007 年 6 月，教育部高等学校信息安全类专业教学指导委员会成立大会暨第一次会议在北京胜利召开。本次会议由教育部高等学校信息安全类专业教学指导委员会主任单位北京工业大学和北京电子科技学院主办,清华大学出版社协办。教育部高等学校信息安全类专业教学指导委员会的成立对我国信息安全专业的发展起到重要的指导和推动作用。2006年,教育部给武汉大学下达了"信息安全专业指导性专业规范研制"的教学科研项目。2007年起,该项目由教育部高等学校信息安全类专业教学指导委员会组织实施。在高教司和教指委的指导下,项目组团结一致,努力工作,克服困难,历时5年,制定出我国第一个信息安全专业指导性专业规范,于2012年年底通过经教育部高等教育司理工科教育处授权组织的专家组评审,并且已经得到武汉大学等许多高校的实际使用。2013年,新一届教育部高等学校信息安全专业教学指导委员会成立。经组织审查和研究决定,2014年,以教育部高等学校信息安全专业教学指导委员会的名义正式发布《高等学校信息安全专业指导性专业规范》(由清华大学出版社正式出版)。

2015年6月,国务院学位委员会、教育部出台增设"网络空间安全"为一级学科的决定,将高校培养网络空间安全人才提到新的高度。2016年6月,中央网络安全和信息化领导小组办公室(下文简称"中央网信办")、国家发展和改革委员会、教育部、科学技术部、工业和信息化部及人力资源和社会保障部六大部门联合发布《关于加强网络安全学科建设和人才培养的意见》(中网办发文〔2016〕4号)。2019年6月,教育部高等学校网络空间安全专业教学指导委员会召开成立大会。为贯彻落实《关于加强网络安全学科建设和人才培养的意见》,进一步深化高等教育教学改革,促进网络安全学科专业建设和人才培养,促进网络空间安全相关核心课程和教材建设,在教育部高等学校网络空间安全专业教学指导委员会和中央网信办组织的"网络空间安全教材体系建设研究"课题组的指导下,启动了"网络空间安全重点规划丛书"的工作,由教育部高等学校网络空间安全专业教学指导委员会秘书长封化民教授担任编委会主任。本规划丛书基于"高等院校信息安全专业系列教材"坚实的工作基础和成果、阵容强大的编审委员会和优秀的作者队伍,目前已有多部图书获得中央网信办与教育部指导和组织评选的"网络安全优秀教材奖",以及"普通高等教育本科国家级规划教材""普通高等教育精品教材""中国大学出版社图书奖"等多个奖项。

"网络空间安全重点规划丛书"将根据《高等学校信息安全专业指导性专业规范》(及后续版本)和相关教材建设课题组的研究成果不断更新和扩展,进一步体现科学性、系统性和新颖性,及时反映教学改革和课程建设的新成果,并随着我国网络空间安全学科的发展不断完善,力争为我国网络空间安全相关学科专业的本科和研究生教材建设、学术出版与人才培养做出更大的贡献。

我们的E-mail地址是:zhangm@tup.tsinghua.edu.cn,联系人:张民。

"网络空间安全重点规划丛书"编审委员会

前　言

没有网络安全,就没有国家安全;没有网络安全人才,就没有网络安全。

为了更多、更快、更好地培养网络安全人才,许多学校都在加大投入,聘请优秀教师,招收优秀学生,建设一流的网络空间安全专业。

网络空间安全专业建设需要体系化的培养方案、系统化的专业教材和专业化的师资队伍。优秀教材是培养网络空间安全专业人才的关键。但是,这却是一项十分艰巨的任务。原因有二:其一,网络空间安全的涉及面非常广,至少包括密码学、数学、计算机、通信工程等多门学科,因此,其知识体系庞杂、难以梳理;其二,网络空间安全的实践性很强,技术发展更新非常快,对环境和师资要求也很高。

本书为"漏洞扫描与防护"课程的配套实验指导教材。通过实践教学,让学生理解和掌握漏洞扫描系统的基本管理、漏洞检测与口令猜解等应用、数据分析与系统管理等高级应用,从而培养学生对漏洞扫描系统的部署、应用与日常运维能力。

本书共分4章。第1章介绍漏洞扫描系统基本管理,第2章介绍漏洞扫描系统应用,第3章介绍漏洞扫描系统高级应用,第4章介绍综合课程设计。

本书适合作为网络空间安全、信息安全、网络工程等相关专业的教材。随着新技术的不断发展,今后将不断更新本书内容。

本书编写过程中得到奇安信集团的裴智勇、翟胜军、白伟、杜伯翔、司乾伟、孙浩和北京邮电大学雷敏等专家学者的鼎力支持,在此对他们的工作表示衷心的感谢。

由于作者水平有限,书中难免存在疏漏和不妥之处,欢迎读者批评指正。

作　者
2019 年 5 月

目 录

第 1 章

漏洞扫描系统基本管理

漏洞扫描系统是按照漏洞扫描原理设计的,使用基于脚本插件的规则库来对目标系统进行黑盒测试,并自动检测本地或远程的设备和系统安全脆弱性(即漏洞)的工具。它可以帮助信息系统管理人员及时掌握当前系统中的漏洞情况,漏洞扫描能够模拟黑客的行为,对系统设置进行攻击测试,以帮助管理员在黑客攻击之前,找出系统中存在的漏洞。同时,还可以远程评估目标系统的安全级别,并生成评估报告,提供相应的整改措施。

任何一个单位在购置漏洞扫描系统后,需要先完成漏洞扫描系统的基本管理和基本网络配置,才能使用漏洞扫描系统的各种应用功能。本章主要完成漏洞扫描系统的基本管理和基本网络配置实验。

漏洞扫描系统基本管理的第一步就是登录漏洞扫描系统,了解不同账号对漏洞扫描系统的管理权限;熟悉各账号的职能后,再设置允许对漏洞扫描系统进行远程管理的 IP 网段及其访问类型;漏洞扫描系统的远程管理配置完成后,需要对漏洞扫描系统进行基本的网络配置,包括 IP 配置、Port 接口配置、路由配置和 DNS 配置,完成漏洞扫描系统基本的网络配置以后才可以使用漏洞扫描系统。

1.1 漏洞扫描账号管理实验

【实验目的】
熟悉漏洞扫描系统中的 4 种账号类型,以及 4 种账号拥有的不同权限和职责。

【知识点】
网络配置、系统管理、审计管理、报表管理。

【场景描述】
为维护公司各信息系统安全、有序、稳定运行,需要对用户账号和用户权限进行规范化管理。某公司要求其漏洞扫描系统应具备 4 种类型的账号,分别是网络配置账号、系统管理员账号、报表管理员账号及审计管理员账号,各账号之间独立工作。小王是漏洞扫描设备的管理员,张经理想不定期地登录漏洞扫描设备查看设备的审计日志。请思考应如何给张经理授权。

【实验原理】
使用不同账号登录漏洞扫描系统,网络配置(account)管理员、系统管理员(admin)、审计管理员(audit)和报表管理员(report)可对漏洞扫描系统执行不同的操作。网络配置管理员可对漏洞扫描系统进行网络接口配置、IP 配置、路由配置、DNS 配置等；系统管理员账号可新建、管理扫描任务；审计管理员可查看所有管理员对漏洞扫描系统进行的操作记录；报表管理员可对任务或资产扫描结果进行分析，并对比分析两次扫描结果，分析漏洞的变化趋势。

【实验设备】

安全设备：漏洞扫描系统 1 台。

【实验拓扑】

漏洞扫描账号管理实验拓扑图见图 1-1。

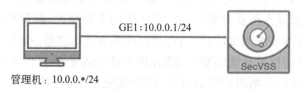

图 1-1　漏洞扫描账号管理实验拓扑图

【实验思路】

（1）使用网络配置管理员账号 account 登录漏洞扫描系统。

（2）在网络配置管理员账号中，为张经理创建审计员账号 M_zhang。

（3）使用系统管理员账号 admin 登录漏洞扫描系统。

（4）使用审计管理员账号 audit 登录漏洞扫描系统。

（5）使用报表管理员账号 report 登录漏洞扫描系统。

【实验步骤】

1）网络配置管理员登录

（1）在管理机中打开浏览器，在地址栏中输入漏洞扫描系统的 IP 地址"https://10.0.0.1"（以实际设备 IP 地址为准），打开漏洞扫描系统的登录界面。使用网络配置管理员用户名/密码"account/account"登录漏洞扫描系统，如图 1-2 所示。

图 1-2　漏洞扫描系统登录界面

（2）登录漏洞扫描系统界面后，显示网络配置管理员拥有的职责和权限，包括"系统管理""网络接口""告警配置""备份恢复"和"许可证管理"等模块，如图 1-3 所示。

图 1-3　漏洞扫描系统初始界面

（3）单击界面左侧的"账号管理"。在网络配置管理员账号中，"账号管理"模块提供用户管理功能，可以增加用户或者删除某个用户以及修改用户权限，如图 1-4 所示。

图 1-4　"账号管理"界面

（4）单击界面上方工具栏中的"用户管理"，在"用户管理"模块中，可以管理漏洞扫描系统中所有用户信息，如图 1-5 所示。

（5）勾选某用户的用户名，可对此用户的相关信息重新编辑或者删除、重置此用户，如图 1-6 所示。

（6）勾选图 1-6 中 report 用户的"用户名"，单击"编辑"按钮，进入"编辑用户"界面，可对此用户相关信息重新编辑，包括"用户名称""登录错误锁定"和"登录超时（分钟）"等。单击"提交"按钮，保存修改内容。修改用户信息后应恢复系统原始状态，如图 1-7 所示。

图 1-5　"用户管理"界面

图 1-6　编辑/删除/解除锁定/重置用户

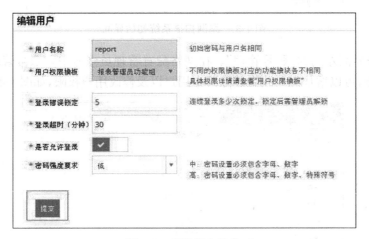

图 1-7　编辑用户信息

（7）返回"用户管理"界面，单击界面右侧的"新增＋"，为张经理创建审计管理员账号 M_zhang，查看设备的审计日志，如图 1-8 所示。

图 1-8　新增用户

（8）在"用户名称"中输入 M_zhang，初始密码与用户名相同。单击"用户权限模板"下拉菜单，选择"审计管理员功能组"，其他选项保持默认配置，配置完成后单击"提交"按钮，如图 1-9 所示。

图 1-9　编辑新增用户信息

（9）新增用户成功后，"用户管理"界面将显示用户名为 M_zhang 的用户信息，包括"用户权限模板""最近登录日期""状态"以及"是否锁定"，如图 1-10 所示。

图 1-10　新增用户成功

2）系统管理员登录

（1）在管理机中打开浏览器，在地址栏中输入漏洞扫描系统的 IP 地址"https://10.0.0.1"（以实际设备 IP 地址为准），打开漏洞扫描系统登录界面。使用系统管理员用户名/密码"admin/!1fw@2soc♯3vpn"登录漏洞扫描系统，如图 1-11 所示。

图 1-11　漏洞扫描系统登录界面 1

（2）登录漏洞扫描系统界面后，显示系统管理员拥有的职责和权限，包括"新建任务""安全域管理""策略模板"和"系统管理"等模块，如图 1-12 所示。

图 1-12　漏洞扫描系统界面 1

3）审计管理员登录

（1）在管理机中打开浏览器，在地址栏中输入漏洞扫描系统的 IP 地址"https：//10. 0.0.1"（以实际设备 IP 地址为准），打开漏洞扫描系统登录界面。使用审计管理员用户名/密码"audit/audit"登录漏洞扫描系统，如图 1-13 所示。

图 1-13　漏洞扫描系统登录界面 2

（2）登录漏洞扫描系统界面后，显示审计管理员拥有的职责和权限，包括查看系统中所有用户登入登出系统信息，并提供日志备份的功能，如图 1-14 所示。

4）报表管理员登录

（1）在管理机中打开浏览器，在地址栏中输入漏洞扫描系统的 IP 地址"https：//10. 0.0.1"（以实际设备 IP 地址为准），打开漏洞扫描系统登录界面。使用报表管理员用户

图 1-14　漏洞扫描系统界面 2

名/密码"report/report"登录漏洞扫描系统,如图 1-15 所示。

图 1-15　漏洞扫描系统登录界面 3

(2) 登录漏洞扫描系统界面后,显示报表管理员拥有的职责和权限,包括查看和分析某个资产、某次扫描任务的结果和对比,分析同一资产不同时间的扫描结果,如图 1-16所示。

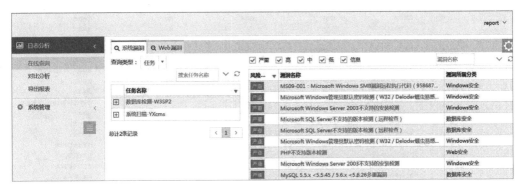

图 1-16　漏洞扫描系统界面 3

【实验预期】

（1）通过使用不同账号登录漏洞扫描系统，了解 4 种账号类型以及 4 种账号拥有的不同权限和职责。

（2）张经理登录 M_zhang 账号，可查看设备的审计日志。

【实验结果】

（1）在管理机中打开浏览器，在地址栏中输入漏洞扫描系统的 IP 地址"https://10.0.0.1"（以实际设备 IP 地址为准），打开漏洞扫描系统登录界面。使用新增账号的用户名/密码"M_zhang/ M_zhang"登录漏洞扫描系统，如图 1-17 所示。

图 1-17　用 M_zhang 账号登录漏洞扫描系统效果

（2）使用 M_zhang 账号登录漏洞扫描系统后，此账号拥有查看漏洞扫描设备的审计日志的功能，为张经理创建审计账号成功，如图 1-18 所示。

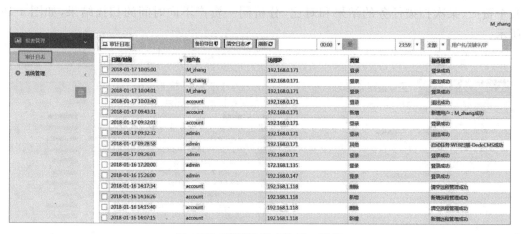

图 1-18　漏洞扫描系统界面效果

【实验思考】

网络配置管理员 account 是否可以增删其他账号中的功能模块?

1.2　漏洞扫描远程管理实验

【实验目的】

设置允许对漏洞扫描系统进行远程管理的 IP 网段及其访问类型。

【知识点】

远程管理、多网段。

【场景描述】

A 公司购置了一台漏洞扫描设备。小王为设备的管理员,网络管理组同事分配给设备的管理地址为"172.168.1.100/24",小王所在的网段为"172.168.2.0/24"。请思考应如何配置设备才能在自己的网段内访问该设备。

【实验原理】

漏洞扫描设备支持多网段管理方式,一台设备可以配置多个不同网段的管理 IP 地址。使用网络配置管理员账户登录漏洞扫描系统。在漏洞扫描系统的"系统管理"→"远程管理"模块中,通过新增远程管理信息,设置能够访问系统的 IP 网段及其允许访问的类型,包括 HTTPS 服务和 Shell 脚本。未在此范围内的 IP 地址访问漏洞扫描系统将被拒绝。

【实验设备】

- 安全设备:漏洞扫描系统 1 台。
- 终端设备:WXPSP3 主机 1 台。

【实验拓扑】

漏洞扫描远程管理实验拓扑图见图 1-19。

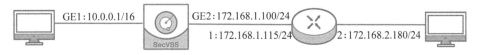

管理机:10.0.0.*/24　　　　　　　　　　　　　　PC:172.168.2.108/24

图 1-19　漏洞扫描远程管理实验拓扑图

【实验思路】

(1) 使用网络配置管理员账户登录漏洞扫描系统。

(2) 新增漏洞扫描系统 IP 地址,用于远程用户管理设备使用。

(3) 配置路由信息,实现跨网段登录漏洞扫描系统。

（4）使用系统管理员账户登录漏洞扫描系统。

（5）配置可对漏洞扫描系统进行远程管理的 IP 网段，并设置允许访问的类型。

（6）小王通过访问设备"172.168.1.100"的 IP 地址，远程登录漏洞扫描系统。

【实验步骤】

1）网络配置

（1）在管理机中打开浏览器，在地址栏中输入漏洞扫描系统的 IP 地址"https://10. 0.0.1"（以实际设备 IP 地址为准），打开漏洞扫描系统登录界面。使用网络配置管理员用户名/密码"account/account"登录漏洞扫描系统，如图 1-20 所示。

图 1-20　漏洞扫描系统登录界面 1

（2）登录漏洞扫描系统界面，如图 1-21 所示。

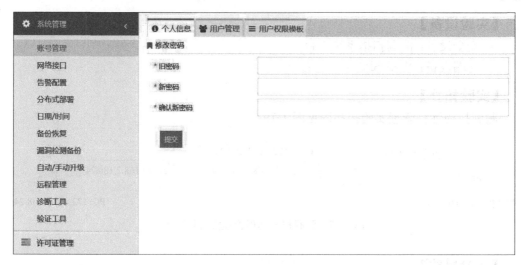

图 1-21　漏洞扫描系统界面 1

（3）在漏洞扫描系统 Web 界面选择左侧的"网络接口"模块，如图 1-22 所示。

（4）选择界面上方工具栏中的"IP 配置"，单击"新增＋"按钮，为漏洞扫描系统配置新

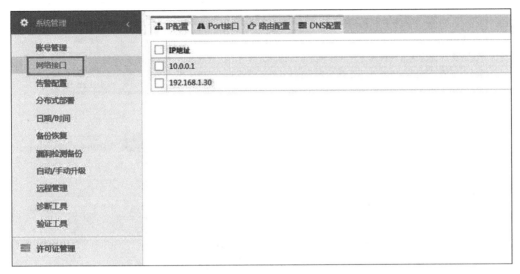

图 1-22　"网络接口"界面

的 IP 地址,提供给远程用户访问,如图 1-23 所示。

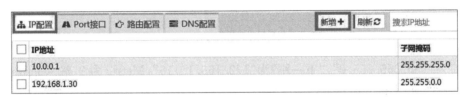

图 1-23　IP 配置

(5) 输入新增 IP 地址及其子网掩码,输入"IP 地址"为"172.168.1.100",输入"子网掩码"为"255.255.255.0",单击"提交"按钮,使配置生效,如图 1-24 所示。

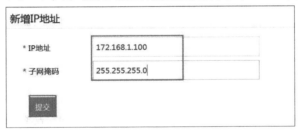

图 1-24　新增 IP 地址

(6) 新增 IP 地址成功。"IP 配置"界面将显示漏洞扫描系统新增的 IP 地址"172.168.1.100",如图 1-25 所示。

(7) 在"网络接口"界面中,单击界面上方的"路由配置"模块,如图 1-26 所示。

(8) 进入"路由配置"模块后,单击界面右上方的"新增＋"按钮,添加新的路由配置信息,如图 1-27 所示。

(9) 进入"新增路由"模块,在新增路由界面中输入"目的地址"为"172.168.2.0","子

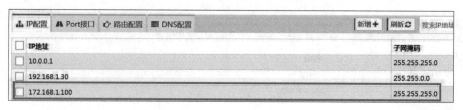

图 1-25　新增 IP 地址成功

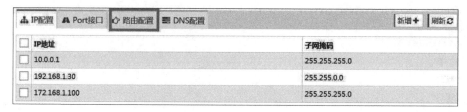

图 1-26　单击"路由配置"

图 1-27　新增路由

网掩码"为"255.255.255.0","下一跳"为"172.168.1.115",Metric 为 2,输入完成后单击"提交"按钮,如图 1-28 所示。

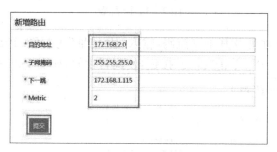

图 1-28　新增路由界面

（10）提交完成后,在"路由配置"界面可以查看新增的"目的地址"为"172.168.2.0"的路由配置信息,如图 1-29 所示。

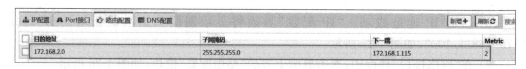

图 1-29　路由配置完成

2）配置允许远程登录漏洞扫描系统的 IP 网段

（1）在管理机中重新打开浏览器,在地址栏中输入漏洞扫描系统的 IP 地址"https://

10.0.0.1"(以实际设备 IP 地址为准),打开漏洞扫描系统登录界面。使用系统管理员用户名/密码"admin/!1fw@2soc♯3vpn"登录漏洞扫描系统,如图 1-30 所示。

图 1-30　漏洞扫描系统登录界面 2

(2) 登录漏洞扫描系统 Web 界面,如图 1-31 所示。

图 1-31　漏洞扫描系统 Web 界面 2

(3) 在漏洞扫描系统 Web 界面中,单击界面左侧导航栏中的"系统管理",再单击下方展开栏中的"远程管理",进入"远程管理"界面,如图 1-32 所示。

(4) 单击界面上方工具栏中的"新增＋"按钮,添加远程管理信息,如图 1-33 所示。

(5) 在弹出的"新增远程管理"界面中,设置允许登录和管理漏洞扫描系统的 IP 地址。为了避免添加远程管理信息后,管理机失去和漏洞扫描系统的连接,首先设置管理机网段允许访问漏洞扫描系统,管理机网段是"10.0.0.0/24"(以实际 IP 地址为准),因此设置"IP 地址/掩码"为"10.0.0.0/24",Https 和 Shell 的访问方式默认为"允许",配置完成后单击"提交"按钮,保存配置信息,如图 1-34 所示。

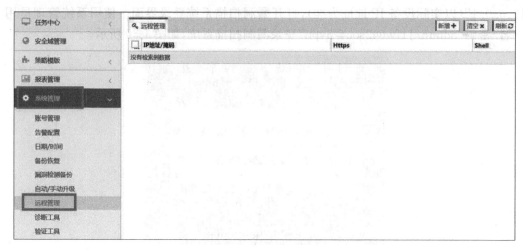

图 1-32 "远程管理"界面

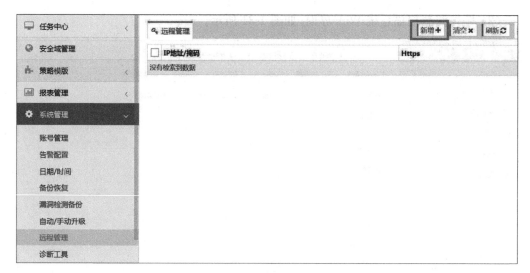

图 1-33 单击"新增＋"按钮

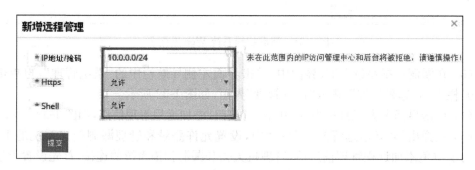

图 1-34 新增远程管理信息 1

（6）提交后将弹出确认信息，确认配置信息无误后，单击 OK 按钮，如图 1-35 所示。

图 1-35　确认新增远程管理 1

（7）然后设置允许小王的网段远程登录和管理漏洞扫描系统的 IP 地址。再次单击界面上方工具栏中的"新增＋"按钮，添加远程管理信息，如图 1-36 所示。

图 1-36　再次单击"新增＋"按钮

（8）输入"IP 地址/掩码"为"172.168.2.0/24"，Https 和 Shell 的访问方式默认为"允许"，配置完成后单击"提交"按钮，保存配置信息，如图 1-37 所示。

图 1-37　新增远程管理信息 2

（9）提交后将弹出确认信息，确认配置信息无误后，单击 OK 按钮，如图 1-38 所示。

图 1-38　确认新增远程管理 2

（10）成功提交远程管理信息后，自动返回"远程管理"界面，将出现新增的两个远程管理信息。未在此范围内的 IP 地址无法通过 Https 和 Shell 的方式访问漏洞扫描系统，如图 1-39 所示。

【实验预期】

系统管理员在漏洞扫描系统中，可通过"系统管理"的"远程管理"模块添加远程管理信息，限制访问漏洞扫描系统的 IP 地址和访问类型。

图 1-39　新增远程管理记录成功

【实验结果】

1) 允许"172.168.2.0/24"网段访问漏洞扫描系统

（1）登录实验平台，找到该实验对应拓扑图，打开右侧的 WXPSP3 虚拟机，如图 1-40 所示。

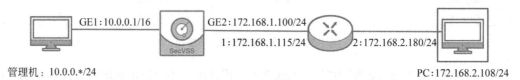

图 1-40　登录右侧虚拟机 WXPSP3

（2）在虚拟机的桌面找到火狐浏览器并打开，如图 1-41 所示。

图 1-41　打开火狐浏览器

（3）在浏览器地址栏中输入漏洞扫描系统的 IP 地址"https://172.168.1.100"（以实际设备 IP 地址为准），跳转"不安全的连接"界面，单击"高级"按钮，并单击"添加例外…"按钮，如图 1-42 所示。

（4）进入"确认添加安全例外"界面，单击"确认安全例外(C)"按钮，如图 1-43 所示。

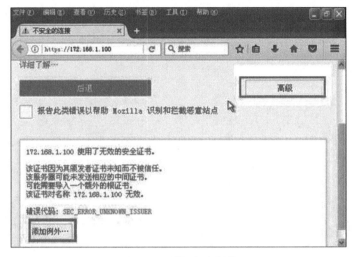

图 1-42　添加安全例外

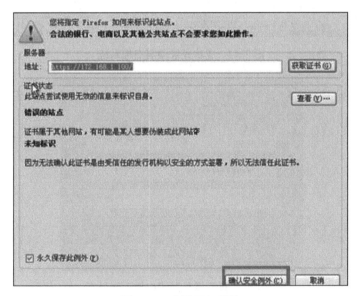

图 1-43　确认添加例外

（5）确认添加例外成功之后将自动进入漏洞扫描系统登录界面，表示使用 Https 方式访问漏洞扫描系统成功，输入系统管理员用户名/密码"admin/！1fw@2soc♯3vpn"即可登录漏洞扫描系统，如图 1-44 所示。

2）不允许"172.168.2.0/24"网段访问漏洞扫描系统

（1）在管理机中重新打开浏览器，在地址栏中输入漏洞扫描系统的 IP 地址"https://10.0.0.1"（以实际设备 IP 地址为准），打开漏洞扫描系统登录界面。使用系统管理员用户名/密码"admin/！1fw@2soc♯3vpn"登录漏洞扫描系统，如图 1-45 所示。

（2）在漏洞扫描系统 Web 界面中，单击面板左侧导航栏中的"系统管理"，再单击下方展开栏中的"远程管理"，进入"远程管理"界面，如图 1-46 所示。

图 1-44　成功登录漏洞扫描系统

图 1-45　远程登录漏洞扫描系统界面

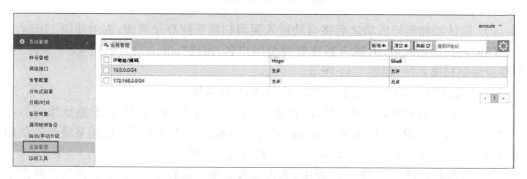

图 1-46　再次进入"远程管理"界面

（3）删除"IP 地址/掩码"为"172.168.2.0/24"的远程管理。因平台只能同时清空所有远程管理信息，不能单独删除某条信息，因此先单击界面右上角的"清空×"按钮，删除所有远程管理信息，后面将重新添加"IP 地址/掩码"为"10.0.0.0/4"的远程管理，即只允许"10.0.0.0/24"网段访问漏洞扫描系统，如图 1-47 所示。

图 1-47　单击"清空×"按钮

（4）单击 OK 按钮，确认清空所有远程管理信息，如图 1-48 所示。

图 1-48　确认清空远程管理信息

（5）单击界面上方工具栏中的"新增＋"按钮，重新添加"IP 地址/掩码"为"10.0.0.0/24"的远程管理，如图 1-49 所示。

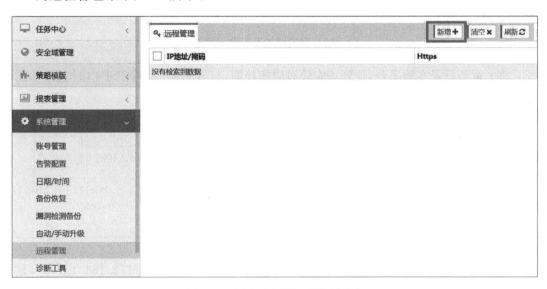

图 1-49　清空后新增远程登录信息

（6）设置"IP 地址/掩码"为"10.0.0.0/24"，Https 和 Shell 的访问方式默认为"允许"，配置完成后单击"提交"按钮，保存配置信息，如图 1-50 所示。

（7）提交后将弹出确认信息，确认配置信息无误后，单击 OK 按钮，如图 1-51 所示。

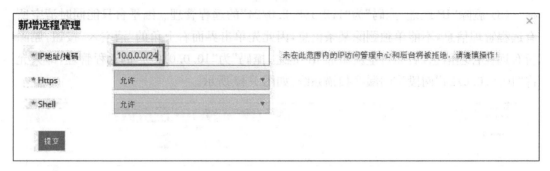

图 1-50　新增远程管理信息

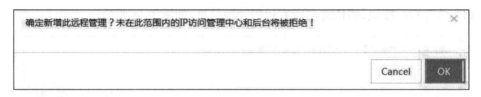

图 1-51　再次确认新增的远程管理信息

（8）成功添加"IP 地址/掩码"为"192.168.0.0/16"的远程管理信息，如图 1-52 所示。

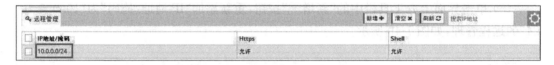

图 1-52　完成添加远程管理信息

（9）重新登录实验平台，找到该实验对应拓扑图，打开右侧的 WXPSP3 虚拟机，如图 1-53 所示。

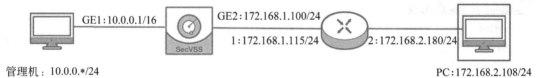

管理机：10.0.0.*/24 　　　　　　　　　　　　　　　　　　　PC：172.168.2.108/24

图 1-53　登录右侧虚拟机 WXPSP3

（10）在虚拟机的桌面找到火狐浏览器并打开，如图 1-54 所示。

（11）在浏览器地址栏中输入漏洞扫描系统的 IP 地址"https://172.168.1.100"，显示连接超时。这表明删除"IP 地址/掩码"为"172.168.2.0/24"的远程管理信息后，"172.168.2.0/24"网段将无法访问漏洞扫描系统，如图 1-55 所示。

【实验思考】

是否可以使用其他远程登录方式访问漏洞扫描系统？

图 1-54　进入客户端打开火狐浏览器

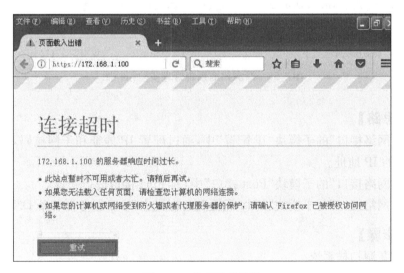

图 1-55　发现连接失败

1.3　漏洞扫描系统管理实验

【实验目的】

配置漏洞扫描系统的网络接口,包括 IP 配置、Port 接口配置、路由配置和 DNS 配置。

【知识点】

IP 地址、路由、Port 接口、DNS。

【场景描述】

A 公司购置一台漏洞扫描设备,在设备正式投入使用之前,需要做一系列准备工作,张经理对安全运维工程师小王提出要求:首先需要对设备配置管理地址,配置完管理地址后,设备可以通过 Web 页面和 SSH 的方式访问。请思考应如何实现。

【实验原理】

网络配置管理员可以对漏洞扫描系统的"网络接口"模块进行配置,如添加 IP 地址、配置路由信息、添加主 DNS 服务器和备用 DNS 服务器,提高漏洞扫描系统的安全级别。

【实验设备】

- 安全设备:漏洞扫描设备 1 台。
- 终端设备:WXPSP3 主机 1 台。

【实验拓扑】

漏洞扫描系统管理实验拓扑图见图 1-56。

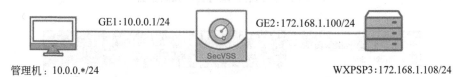

GE1:10.0.0.1/24　　SecVSS　　GE2:172.168.1.100/24

管理机:10.0.0.*/24　　　　　　　　　　　WXPSP3:172.168.1.108/24

图 1-56　漏洞扫描系统管理实验拓扑图

【实验思路】

(1) 在"网络接口"的子模块"IP 配置"中,通过配置 IP 地址和子网掩码,为漏洞扫描系统添加新的 IP 地址。

(2) 在"网络接口"的子模块"Port 接口"中,对 Port 接口进行配置。

(3) 在"网络接口"的子模块"DNS 配置"中,配置主 DNS 服务器和备 DNS 服务器。

【实验步骤】

1) 登录漏洞扫描系统

(1) 在管理机中打开浏览器,在地址栏中输入漏洞扫描系统的 IP 地址"https://10.0.0.1"(以实际设备 IP 地址为准),打开漏洞扫描系统登录界面。使用网络配置管理员用户名/密码"account/account"登录漏洞扫描系统。

(2) 登录漏洞扫描系统 Web 界面,单击左侧的"网络接口"模块。

2) IP 配置

(1) 在"网络接口"界面中,单击"IP 配置",进入"IP 配置"界面,单击界面右上方"新增+"按钮,添加新的 IP 地址,如图 1-57 所示。

(2) 进入"新增+"模块,在"新增 IP 地址"界面中输入 IP 地址及子网掩码,输入"IP

图 1-57　IP 配置

地址"为"172.168.1.100","子网掩码"为"255.255.255.0",输入完成后单击"提交"按钮,如图 1-58 所示。

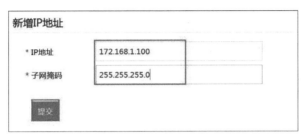

图 1-58　新增 IP 地址

(3) 提交完成后,在"IP 配置"界面可以查看新增的"IP 地址"为"172.168.1.100","子网掩码"为"255.255.255.0",如图 1-59 所示。

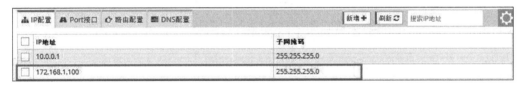

图 1-59　查看新增 IP 地址

3) Port 接口配置

(1) 在"网络接口"界面中,单击界面上方的"Port 接口",如图 1-60 所示。

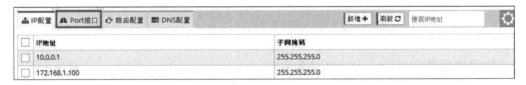

图 1-60　单击"Port 接口"

(2) 进入"Port 接口"模块后,可对 Port 接口的配置信息进行编辑。选中接口 GE4,单击"编辑"按钮,如图 1-61 所示。

(3) 进入"编辑 Port 接口"模块后,可以对已选择接口的用户类型进行设置,将 GE4 的"用户类型"改为"禁用",设置完成后单击"提交"按钮,如图 1-62 所示。

(4) 提交后,可以在"Port 接口"界面查看更改后的 Port 接口信息,包括"接口名称"

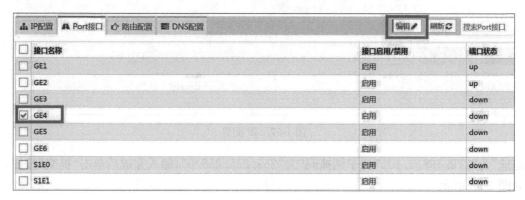

图 1-61　"Port 接口"界面

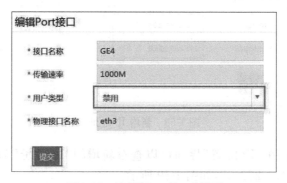

图 1-62　编辑"Port 接口"界面

"接口启用/禁用"和"端口状态",如图 1-63 所示。

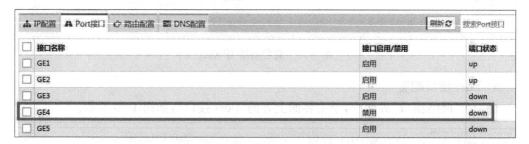

图 1-63　Port 接口信息

4) 路由配置

(1) 在网络接口界面中,单击界面上方的"路由配置",如图 1-64 所示。

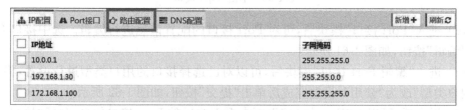

图 1-64　单击"路由配置"

（2）在"路由配置"模块中，可根据实际需要单击"新增＋"按钮，新建路由配置信息，如图 1-65 所示。

图 1-65　新增路由配置

5）DNS 配置

（1）在网络接口界面中，单击界面右上方的"DNS 配置"，如图 1-66 所示。

图 1-66　单击"DNS 配置"

（2）进入"DNS 配置"模块后，可以配置主 DNS 服务器和备 DNS 服务器，输入"主 DNS 服务器"为"192.168.0.110"，"备 DNS 服务器"为"114.114.114.114"，配置完成后单击"保存"按钮，即可使配置生效，如图 1-67 所示。

图 1-67　DNS 配置界面

【实验预期】

网络配置管理员可通过"网络接口"模块对漏洞扫描设备进行网络配置，包括 IP 配置、Port 接口配置、路由配置和 DNS 配置。

【实验结果】

1）通过 Web 页面方式访问漏洞扫描系统

（1）登录实验平台，找到该实验对应拓扑图，打开右侧的 WXPSP3 虚拟机，如图 1-68 所示。

（2）在虚拟机的桌面找到火狐浏览器并打开，如图 1-69 所示。

图 1-68　登录右侧虚拟机 WXPSP3

图 1-69　打开火狐浏览器

（3）在浏览器地址栏中输入漏洞扫描系统的 IP 地址"https://172.168.1.100"（以实际设备 IP 地址为准），跳转"不安全连接"界面，单击"高级"按钮，再单击"添加例外…"按钮，如图 1-70 所示。

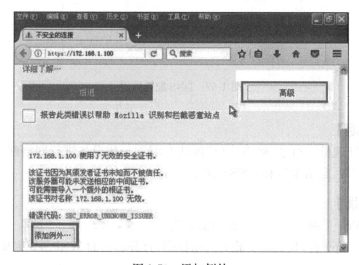

图 1-70　添加例外

（4）进入"确认添加安全例外"界面，单击"确认安全例外（C）"按钮，如图 1-71 所示。

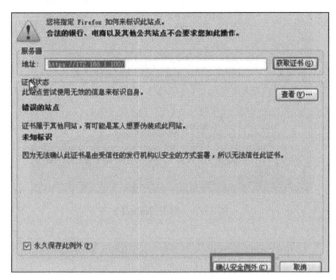

图 1-71　单击"确认安全例外（C）"按钮

（5）确认添加例外成功之后将自动进入漏洞扫描系统登录界面，表示漏洞扫描系统新增 IP 地址"172.168.1.100"成功，用户输入系统管理员用户名/密码"admin/！1fw@2soc＃3vpn"即可登录漏洞扫描系统，如图 1-72 所示。

图 1-72　成功登录漏洞扫描系统

2）通过 SSH 方式访问漏洞扫描系统

（1）返回虚拟机桌面，找到 Xshell 5 并打开，如图 1-73 所示。

（2）在弹出的 Sessions 窗口中单击 New，新建 SSH 连接，如图 1-74 所示。

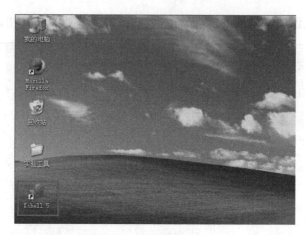

图 1-73 打开 Xshell 5

图 1-74 Sessions 窗口

（3）在"New Session Properties"界面中，Protocol 设置为 SSH，Host 输入"172. 168. 1. 100"，"Port Number"设置为 22，其他保持默认配置。配置完成后单击窗口下方的 OK 按钮，如图 1-75 所示。

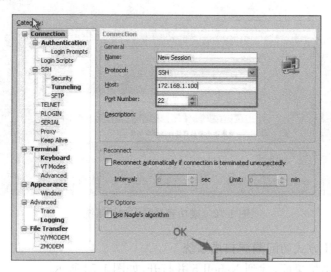

图 1-75 新建连接回话

（4）在弹出的 Sessions 界面中，单击 Connect 按钮，开始 SSH 连接，如图 1-76 所示。

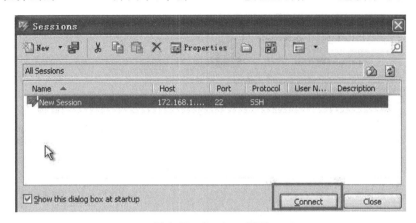

图 1-76　Sessions 界面

（5）在弹出的"SSH Security Warning"界面中，单击"Accept Once"按钮，如图 1-77 所示。

（6）在弹出的"SSH User Name"界面中，在"Enter a user name to login"中输入 admin，单击 OK 按钮，如图 1-78 所示。

图 1-77　SSH Security Warning 界面

图 1-78　输入用户名

（7）在弹出的"SSH User Authentication"界面中，选择第三种登录方式，选中 "Keyboard Interactive"单选按钮，单击 OK 按钮，进入下一步，如图 1-79 所示。

（8）在 Password 下方的输入框中输入 SSH 登录密码 admin，单击 OK 按钮，进入下一步,如图 1-80 所示。

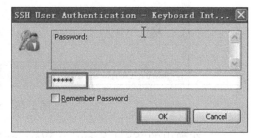

图 1-79　SSH User Authentication 界面　　　　图 1-80　输入密码

(9) 使用 SSH 登录方式成功登录漏洞扫描系统,如图 1-81 所示。

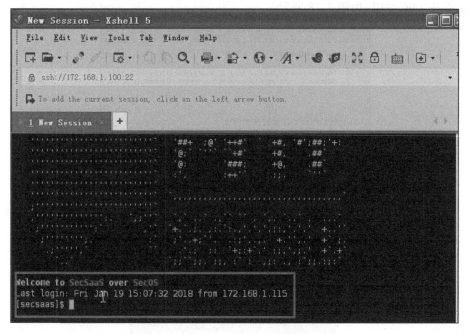

图 1-81　使用 SSH 登录方式登录成功

【实验思考】

DNS 服务器的作用是什么?

第 2 章

漏洞扫描系统应用

漏洞扫描系统可从操作系统、数据库、网络设备、防火墙、Web 系统、弱口令、系统配置核查等多方位、多视角对目标进行安全漏洞扫描检查。

本章主要完成漏洞扫描系统的基本应用,包括漏洞检测和口令猜解。其中,漏洞检测包括系统漏洞检测、Web 漏洞检测和数据库漏洞扫描;口令猜解包括基于协议的口令猜解、基于数据库的口令猜解和基于操作系统的口令猜解。在进行漏洞检测和口令猜解之前,还应该检测主机存活或网络通断情况,测试漏洞扫描设备和网站首页的连通性。

2.1 漏洞检测

2.1.1 漏洞扫描诊断工具实验

【实验目的】

使用 PING 命令检测主机存活或网络通断情况,使用 WGET 命令测试漏洞扫描设备和网站首页的连通性。

【知识点】

PING 命令、WGET 命令。

【场景描述】

在漏洞扫描系统运行漏洞扫描任务时,可能因为网络不稳定等原因,造成扫描任务卡顿或终止。漏洞扫描系统管理员小王为判断扫描任务故障的原因,需要检测被扫描主机存活情况、网络连接通断情况,以及扫描器与被扫描网站的连通情况,以便及时排障。请思考应如何解决这个问题。

【实验原理】

使用系统管理员账户登录漏洞扫描系统。单击漏洞扫描系统的"系统管理"→"诊断工具",可使用 PING 命令检测主机是否存活和网络的通断情况。当扫描任务长时间没有扫描进度的情况下,也可使用 WGET 命令测试扫描器和网站首页的连通性。

【实验设备】

- 安全设备:漏洞扫描系统 1 台。
- CMS 服务器:Eshop CMS 服务器 1 台。

【实验拓扑】

漏洞扫描诊断工具实验拓扑图见图 2-1。

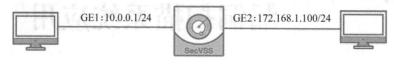

图 2-1　漏洞扫描诊断工具实验拓扑图

【实验思路】

（1）使用系统管理员账户登录漏洞扫描系统。

（2）使用 PING 命令测试 CMS 服务器是否存活。

（3）使用 WEGT 命令测试漏洞扫描设备与 CMS 服务器网站首页是否连通。

【实验步骤】

1）网络配置

（1）在管理机中打开浏览器，在地址栏中输入漏洞扫描系统的 IP 地址"https：//10. 0.0.1"（以实际设备 IP 地址为准），打开漏洞扫描系统登录界面。使用网络配置管理员用户名/密码"account/account"登录漏洞扫描系统。

（2）登录漏洞扫描系统 Web 界面。

（3）在漏洞扫描系统 Web 界面中单击左侧的"网络接口"模块。

（4）选择界面上方工具栏中的"IP 配置"，单击"新增"按钮，为漏洞扫描设备配置新的 IP 地址，该地址用于与 CMS 服务器通信使用。

（5）输入本实验设定的"IP 地址"为"172.168.1.100"，输入"子网掩码"为"255.255. 255.0"，单击"提交"按钮，使配置生效。

（6）新增 IP 地址成功。"IP 配置"界面将显示漏洞扫描系统新增的 IP 地址"172. 168.1.100"。

2）使用诊断工具

（1）在管理机中打开浏览器，在地址栏中输入漏洞扫描系统的 IP 地址"https：//10. 0.0.1"（以实际设备 IP 地址为准），打开漏洞扫描系统登录界面。使用系统管理员用户名/密码"admin/!1fw@2soc♯3vpn"登录漏洞扫描系统。

（2）登录漏洞扫描系统 Web 界面后，显示"任务中心"界面，如图 2-2 所示。

（3）单击界面左侧导航栏中的"系统管理"，再单击下方展开栏中的"诊断工具"，如图 2-3 所示。

（4）单击界面上方工具栏中的"PING 命令"，在下方输入栏中输入 CMS 服务器的 IP 地址"172.168.1.104"，单击"提交"按钮，开始探测主机或服务器是否存活或者网络的通断情况，PING 命令执行结束后将列出执行结果，如图 2-4 所示。

（5）单击界面上方工具栏中的"WGET 命令"，测试扫描器和网站首页的连通性。在下方输入栏中输入 CMS 服务器网站的 URL 地址"http：//172.168.1.104/"，单击"提

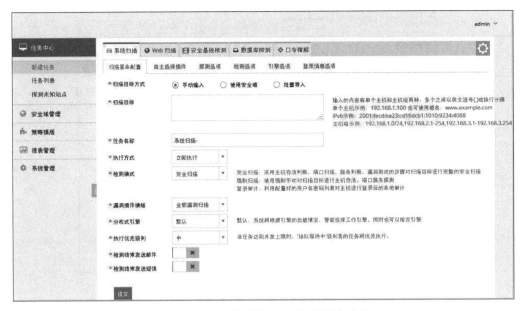

图 2-2　漏洞扫描系统 Web 界面"任务中心"

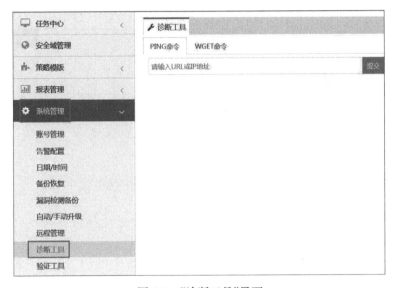

图 2-3　"诊断工具"界面

交"按钮,WGET 命令执行结束后将列出执行结果,如图 2-5 所示。

【实验预期】

系统管理员在漏洞扫描系统中,可通过"系统管理"中的"诊断工具"模块使用 PING 命令检测主机存活或网络通断情况,也可以用 WGET 命令测试扫描器和网站首页的连通性。

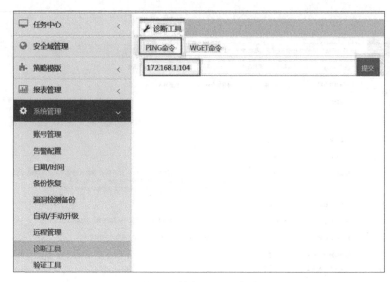

图 2-4　执行 PING 命令

图 2-5　单击"提交"按钮

【实验结果】

(1) 在"诊断工具"模块使用 PING 命令,利用网络上机器 IP 地址的唯一性,给目标 IP 地址发送一个数据包,再要求对方返回一个同样大小的数据包来确定两台网络机器是否连接相通,时延是多少,并将执行结果进行展示,如图 2-6 所示。

(2)"诊断工具"模块使用 WGET 命令下载网站信息,用于测试扫描器和网站首页的连通性,如图 2-7 所示。

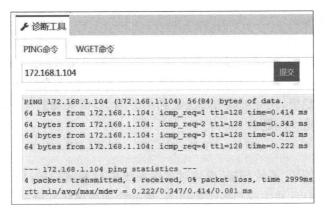

图 2-6　执行 PING 命令结果

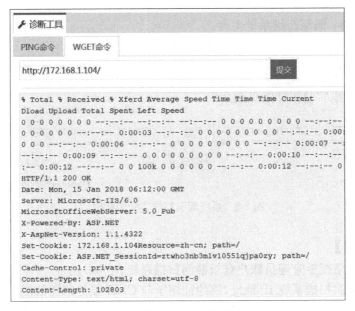

图 2-7　执行 WGET 命令结果

【实验思考】

当 PING 命令无法连通目的主机或网络时,分析可能的原因有哪些。

2.1.2　系统漏洞扫描实验

【实验目的】

新建系统漏洞扫描任务,掌握插件修改、引擎配置等方法,使用系统扫描模块对目标系统进行漏洞检测。

【知识点】

系统漏洞、漏洞扫描、插件技术。

【实验场景】

A 公司的职员反映单位派发的台式机经常出现不明原因的死机和丢失文件状况,安全运维人员小王了解情况后猜测系统潜在的漏洞可能被不法者利用,从而通过植入木马、病毒等方式攻击企业系统,窃取计算机中的重要资料和信息,甚至破坏系统。为了进一步了解系统中的安全隐患,找寻可能被不法者利用的漏洞,需要对公司系统进行漏洞扫描。请思考应如何解决这个问题。

【实验原理】

系统管理员可使用"系统扫描"模块对目标系统进行漏洞扫描,根据扫描得到的漏洞信息,分析系统脆弱点,并生成扫描结果报告,帮助管理员理解和修复系统存在的问题,从而提高系统的安全系数。

【实验设备】

- 安全设备:漏洞扫描系统 1 台。
- CMS 服务器:weekpassword 服务器 1 台。

【实验拓扑】

系统漏洞扫描实验拓扑图见图 2-8。

GE1:10.0.0.1/24   GE2:172.168.1.100/24

SecVSS

管理机:10.0.0.*/24   CMS服务器:172.168.1.115/24

图 2-8　系统漏洞扫描实验拓扑图

【实验思路】

(1) 使用网络配置管理员账户登录漏洞扫描系统。

(2) 新增漏洞扫描系统 IP 地址,该地址用于与 CMS 服务器通信使用。

(3) 使用系统管理员账户登录漏洞扫描系统,添加新的系统漏洞扫描任务。

(4) 扫描结束后生成扫描报告。

【实验步骤】

1) 网络配置

(1) 在管理机中打开浏览器,在地址栏中输入漏洞扫描系统的 IP 地址"https://10.0.0.1"(以实际设备 IP 地址为准),打开漏洞扫描系统登录界面。使用网络配置管理员用户名/密码"account/account"登录漏洞扫描系统。

(2) 登录漏洞扫描系统 Web 界面。

(3) 在漏洞扫描系统 Web 界面中,单击左侧的"网络接口"模块。

(4) 选择界面上方工具栏中的"IP 配置",单击"新增"按钮,为漏洞扫描设备配置新的 IP 地址,该地址用于与 CMS 服务器通信使用。

（5）输入本实验设定的"IP 地址"为"172.168.1.100"，输入"子网掩码"为"255.255.255.0"，单击"提交"按钮，使配置生效。

（6）新增 IP 地址成功。"IP 配置"界面将显示漏洞扫描系统新增的 IP 地址"172.168.1.100"。

2）新建系统漏洞扫描任务

（1）进入管理机，重新打开浏览器，在地址栏中输入漏洞扫描系统的 IP 地址"https://10.0.0.1"（以实际设备 IP 地址为准），打开漏洞扫描系统登录界面。使用系统管理员用户名/密码"admin/!1fw@2soc♯3vpn"登录漏洞扫描系统。

（2）登录漏洞扫描系统 Web 界面后，显示"任务中心"界面。

（3）在漏洞扫描系统 Web 界面中，单击面板左侧的"任务中心"→"新建任务"模块，在界面右侧选择"系统扫描"模块，如图 2-9 所示。

图 2-9　"系统扫描"界面

（4）开始新建系统漏洞扫描任务，单击界面上方的"扫描基本配置"模块，输入扫描目标及任务名称，"扫描目标"输入"172.168.1.108"，"任务名称"输入"系统扫描-YXcms"，如图 2-10 所示。

（5）单击界面上方工具栏中的"自主选择插件"模块，可对扫描任务使用的插件进行修改，如图 2-11 所示。

（6）进入"自主选择插件"模块，单击某一插件前的"已启用"可禁用该插件，再次单击"已禁用"可重新启用该插件，实现插件库的自定义。此处保持默认配置，即启用全部插件，如图 2-12 所示。

（7）单击界面上方的"探测选项"模块，可设置是否进行主机存活测试以及配置端口扫描方式及扫描范围。除默认配置外，需勾选"UDP PING"复选框，如图 2-13 所示。

（8）单击界面上方的"检测选项"模块，可对扫描任务的检测方式进行相应配置。此

图 2-10　新建系统漏洞扫描任务

图 2-11　自主选择插件

图 2-12　修改插件

处保持默认配置，可根据实际需要进行修改，如图 2-14 所示。

图 2-13　"探测选项"配置

图 2-14　"检测选项"配置

（9）单击界面上方的"引擎选项"模块，可对扫描任务引擎进行相应配置。包括对"单个主机检测并发数""单个主机 TCP 连接数"和"单个扫描 TCP 连接数"等选项进行配置。此处保持默认配置，可根据实际需要进行修改，如图 2-15 所示。

图 2-15　"引擎选项"配置

(10) 单击界面上方的"登录信息选项"模块,可根据扫描任务需要对扫描任务登录信息进行相应配置,包括"预设登录账号""数据库类型""微软 WSUS 账号"和"微软 WSUS 密码"等信息。此处保留默认配置,可根据实际需要进行修改,如图 2-16 所示。

图 2-16　登录信息配置

(11) 所有配置完成之后,返回"扫描基本配置"模块,单击"提交"按钮,如图 2-17 所示。

图 2-17　提交系统扫描任务

(12) 提交后,在任务列表中,可以查看新添加的"任务名称"为"系统扫描-YXcms"的系统漏洞扫描任务,如图 2-18 所示。

图 2-18 查看系统漏洞扫描任务

(13) 在任务列表中,勾选"任务名称"复选框,可以对选中的任务进行编辑或删除,也可单击"刷新"按钮,更新扫描状态,如图 2-19 所示。

图 2-19 编辑任务

(14) 单击图 2-19 中的"编辑"按钮,进入系统扫描任务的编辑界面,可以对"任务名称""执行方式""漏洞插件模板"和"分布式引擎"重新进行编辑,编辑完成后单击"提交"按钮,如图 2-20 所示。

图 2-20 重新编辑系统漏洞扫描任务

(15) 系统扫描任务结束后,"任务列表"中显示扫描任务名称为"系统扫描-YXcms"的"开始时间""结束时间""检测耗时"和"进度",如图 2-21 所示。

【实验预期】

系统管理员对目标系统进行漏洞扫描,根据扫描得到的漏洞信息,生成扫描报告,包括漏洞风险分布、漏洞列表和开放端口。

图 2-21　系统漏洞扫描任务执行结束

【实验结果】

（1）系统漏洞扫描结束后，单击"任务名称"为"系统扫描-YXcms"的任务，查看漏洞扫描结果，如图 2-22 所示。

图 2-22　系统漏洞扫描详细结果

（2）在任务的"主机列表"模块查看"检测进度""主机漏洞排名"和"漏洞风险分布"，如图 2-23 所示。

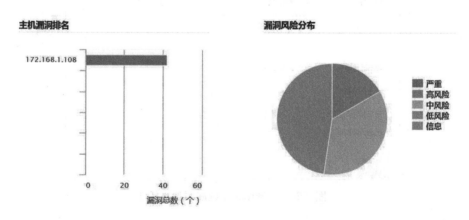

图 2-23　系统漏洞扫描详细结果

（3）在任务的"漏洞列表"模块查看漏洞的"风险级别""漏洞名称""漏洞所属分类"和"总计"，如图 2-24 所示。

（4）在任务的"端口列表"模块查看系统中开放的端口以及端口对应的服务，如图 2-25 所示。

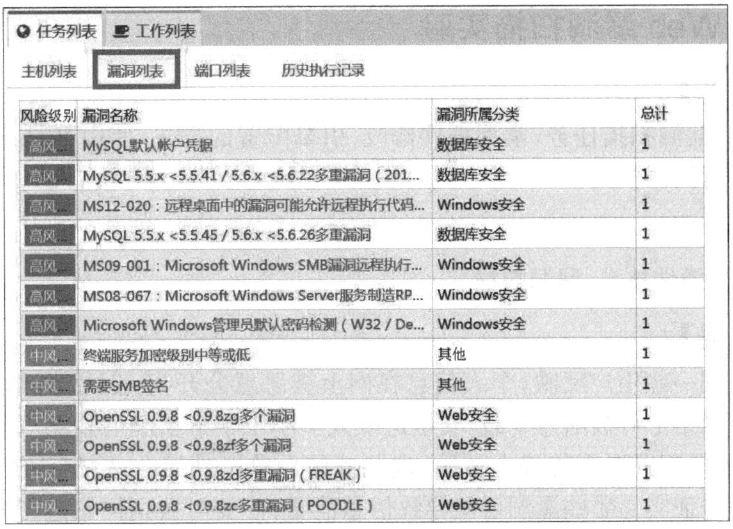

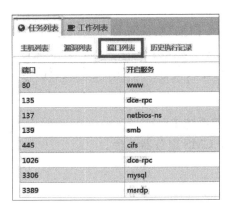

任务列表 | 工作列表

主机列表 | 漏洞列表 | 端口列表 | 历史执行记录

风险级别	漏洞名称	漏洞所属分类	总计
高风...	MySQL默认帐户凭据	数据库安全	1
高风...	MySQL 5.5.x <5.5.41 / 5.6.x <5.6.22多重漏洞（201...	数据库安全	1
高风...	MS12-020：远程桌面中的漏洞可能允许远程执行代码...	Windows安全	1
高风...	MySQL 5.5.x <5.5.45 / 5.6.x <5.6.26多重漏洞	数据库安全	1
高风...	MS09-001：Microsoft Windows SMB漏洞远程执行...	Windows安全	1
高风...	MS08-067：Microsoft Windows Server服务制造RP...	Windows安全	1
高风...	Microsoft Windows管理员默认密码检测（W32 / De...	Windows安全	1
中风...	终端服务加密级别中等或低	其他	1
中风...	需要SMB签名	其他	1
中风...	OpenSSL 0.9.8 <0.9.8zg多个漏洞	Web安全	1
中风...	OpenSSL 0.9.8 <0.9.8zf多个漏洞	Web安全	1
中风...	OpenSSL 0.9.8 <0.9.8zd多重漏洞（FREAK）	Web安全	1
中风...	OpenSSL 0.9.8 <0.9.8zc多重漏洞（POODLE）	Web安全	1

图 2-24　漏洞列表

任务列表 | 工作列表

主机列表 | 漏洞列表 | 端口列表 | 历史执行记录

端口	开启服务
80	www
135	dce-rpc
137	netbios-ns
139	smb
445	cifs
1026	dce-rpc
3306	mysql
3389	msrdp

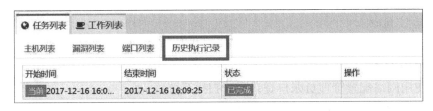

图 2-25　开放端口列表

(5) 在任务的"历史执行记录"模块查看此任务的执行记录，如图 2-26 所示。

任务列表 | 工作列表

主机列表 | 漏洞列表 | 端口列表 | 历史执行记录

开始时间	结束时间	状态	操作
当前 2017-12-16 16:0...	2017-12-16 16:09:25	已完成	

图 2-26　历史执行记录

【实验思考】

若系统或服务存在口令，漏洞扫描设备是否能够自动破解口令，继续进行漏洞扫描任务？

2.1.3 Web 漏洞扫描实验

【实验目的】

新建 Web 漏洞扫描任务，掌握插件修改、引擎配置的方法，使用 Web 漏洞扫描模块对目标网站进行漏洞检测。

【知识点】

Web 漏洞、插件技术、漏洞扫描。

【场景描述】

A 公司收到一些用户反映，个人信息在网上被恶意公开，企业内部网站中的一些敏感文件在外部网站上可被随意下载，安全运维人员小王了解情况后猜测可能存在网站数据库泄露、服务器配置泄露等安全威胁，这些威胁会给网站后台系统带来极大的安全隐患。为了进一步证实是哪些漏洞可能导致信息泄露，需要对公司网站进行漏洞扫描。请思考应如何解决这个问题。

【实验原理】

系统管理员可使用“Web 扫描”模块对目标网站进行 Web 漏洞扫描，根据扫描得到的漏洞信息，分析网站脆弱点，并生成扫描结果报告。系统管理员能够根据扫描的结果安装补丁，修补网站安全漏洞，在攻击者攻击网站之前进行防范。

【实验设备】

- 安全设备：漏洞扫描系统 1 台。
- CMS 服务器：Dede CMS 服务器 1 台。

【实验拓扑】

Web 漏洞扫描实验拓扑图见图 2-27。

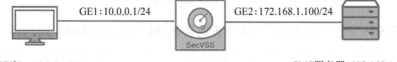

GE1:10.0.0.1/24
GE2:172.168.1.100/24
SecVSS
管理机：10.0.0.*/24
CMS服务器:172.168.1.104/24

图 2-27 Web 漏洞扫描实验拓扑图

【实验思路】

(1) 使用网络配置管理员账户登录漏洞扫描系统。

(2) 新增漏洞扫描系统 IP 地址，该地址用于与 CMS 服务器通信使用。

(3) 使用系统管理员账户登录漏洞扫描系统，添加新的 Web 漏洞扫描任务。

(4) 扫描结束后生成扫描报告。

【实验步骤】

1) 网络配置

(1) 在管理机中打开浏览器，在地址栏中输入漏洞扫描系统的 IP 地址“https://10.

0.0.1"（以实际设备 IP 地址为准），打开漏洞扫描系统登录界面。使用网络配置管理员用户名/密码"account/account"登录漏洞扫描系统。

（2）登录漏洞扫描系统界面后，显示漏洞扫描的"任务中心"界面。

（3）在漏洞扫描系统 Web 界面中单击左侧的"网络接口"模块。

（4）选择界面上方工具栏中的"IP 配置"，单击"新增"按钮，为漏洞扫描设备配置新的 IP 地址，该地址用于与 CMS 服务器通信使用。

（5）输入本实验设定的"IP 地址"为"172.168.1.100"，输入"子网掩码"为"255.255.255.0"，单击"提交"按钮，使配置生效。

（6）新增 IP 地址成功。"IP 配置"界面将显示漏洞扫描系统新增的 IP 地址"172.168.1.100"。

2）新建 Web 漏洞扫描任务

（1）进入管理机，重新打开浏览器，在地址栏中输入漏洞扫描系统的 IP 地址"https://10.0.0.1"（以实际设备 IP 地址为准），打开漏洞扫描系统登录界面。使用系统管理员用户名/密码"admin/!1fw@2soc#3vpn"登录漏洞扫描系统。

（2）登录漏洞扫描系统 Web 界面。

（3）在漏洞扫描系统 Web 界面中，单击左侧的"任务中心"→"新建任务"模块，在界面右侧选择"Web 扫描"，如图 2-28 所示。

图 2-28　Web 扫描

（4）开始新建 Web 漏洞扫描任务，单击界面上方的"扫描基本配置"模块，输入扫描目标及任务名称，"扫描目标"输入"http://172.168.1.104/"，"任务名称"输入"Web 扫描-DedeCMS"，如图 2-29 所示。

（5）单击界面上方的"自主选择插件"模块，单击某一插件前的"已启用"可禁用该插

图 2-29　新建 Web 扫描任务

件,单击"已禁用"可重新启用该插件,实现插件库自定义。此处保持默认配置,即启用全部插件,如图 2-30 所示。

图 2-30　修改插件

(6) 单击界面上方的"引擎配置"模块,可根据实际扫描需要对"并发线程数""区分大小写""最大类似页面数""同目录下最大页面数""重试次数""超时时间(秒)"和"代理类型"进行相应的配置,提高扫描效率和扫描质量。此处保持默认配置,可根据实际需要进行修改,如图 2-31 所示。

(7) 单击界面上方的"检测选项"模块,可对扫描任务的检测方式进行相应配置,包括

图 2-31 "引擎配置"

"检测深度""爬虫策略"和"HTTP 请求头"等选项配置。此处保持默认配置,可根据实际需要进行修改,如图 2-32 所示。

图 2-32 "检测选项"配置

(8) 所有配置完成之后,返回"扫描基本配置"模块,单击"提交"按钮,如图 2-33所示。

(9) 提交后,在任务列表中,可以查看新添加的"任务名称"为"Web 扫描-DedeCMS"的 Web 漏洞扫描任务,如图 2-34 所示。

(10) 在任务列表中,勾选"任务名称"复选框,可以对选中的任务进行编辑或删除,也可单击"刷新"按钮,更新扫描状态,如图 2-35 所示。

(11) 若单击图 2-35 中的"编辑",则进入 Web 扫描任务的编辑界面,可以对"任务名称""执行方式""漏洞插件模板"和"分布式引擎"重新进行编辑,编辑完成后单击"提交"按钮,如图 2-36 所示。

图 2-33　提交 Web 扫描任务

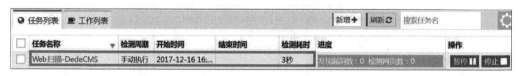

图 2-34　查看 Web 漏洞扫描任务

图 2-35　准备编辑之前的漏洞扫描任务

图 2-36　重新编辑 Web 漏洞扫描任务详情

（12) Web 扫描任务结束后"任务列表"中显示扫描任务名称为"Web 扫描-DedeCMS"的"开始时间""结束时间""检测耗时"和"进度"，如图 2-37 所示。

图 2-37　系统扫描任务结束

【实验预期】

系统管理员对目标网站进行 Web 漏洞扫描，根据扫描到的漏洞信息，生成扫描结果报告。

【实验结果】

（1) Web 漏洞扫描结束后，单击"任务名称"为"Web 扫描-DedeCMS"的任务，查看漏洞扫描结果，如图 2-38 所示。

图 2-38　Web 漏洞扫描结果列表

（2) 在任务的"主机列表"模块查看"检测进度""主机漏洞排名"和"漏洞风险分布"，如图 2-39 所示。

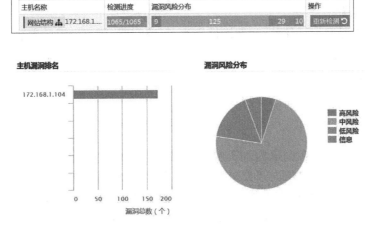

图 2-39　Web 漏洞扫描详细结果

（3）在任务的“漏洞列表”模块查看漏洞的“风险级别”“漏洞名称”“漏洞所属分类”和“总计”，如图 2-40 所示。

风险级别	漏洞名称	漏洞所属分类	总计
高风险	跨站脚本攻击漏洞（注释）	A3 跨站脚本（XSS）	9
中风险	启用了目录列表	A6 敏感信息泄漏	123
中风险	域名访问限制不严格	A5 安全配置错误	1
中风险	robots.txt暴露网站结构	A5 安全配置错误	1
低风险	Cookie未配置HttpOnly标志	A2 失效的身份认证和会话管理	1
低风险	SetCookie未配置Secure	A2 失效的身份认证和会话管理	1
低风险	发现内网IP地址	A6 敏感信息泄漏	7
低风险	未指定返回页面类型	A6 敏感信息泄漏	10
低风险	用户认证信息明文传输	A2 失效的身份认证和会话管理	1
低风险	未禁用密码表单自动完成属性	A2 失效的身份认证和会话管理	5

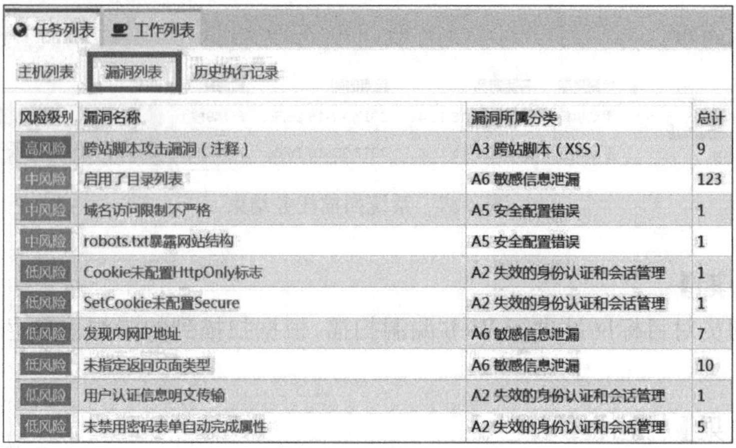

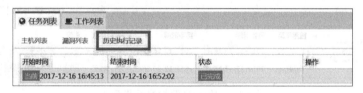

图 2-40　漏洞列表结果

（4）在任务的“历史执行记录”模块查看此任务的执行记录，如图 2-41 所示。

开始时间	结束时间	状态	操作
当前 2017-12-16 16:45:13	2017-12-16 16:52:02	已完成	

图 2-41　历史执行记录

【实验思考】

Web 漏洞扫描系统是否可以同时对多个主机进行扫描？

2.1.4　数据库漏洞扫描实验

【实验目的】

添加数据库漏洞扫描任务、掌握插件修改、引擎配置、探测配置的方法，使用数据库检测模块对目标数据库进行漏洞检测。

【知识点】

插件技术、漏洞扫描、数据库漏洞、引擎配置。

【场景描述】

A 公司的职员反映在调取内部资料时，经常出现调取文件为空的情况，安全运维人员小王了解情况后猜测单位内部数据库系统可能存在潜在的漏洞，且不法者很有可能已经利用这些漏洞，导致数据库功能失效，资料缺失。为了进一步了解数据库中的安全隐患，找寻可能被不法者利用的漏洞，需要对公司数据库进行漏洞扫描。请思考应如何解决这个问题。

【实验原理】

系统管理员可使用"数据库检测"模块对目标数据库进行数据库漏洞扫描,根据扫描得到的漏洞信息,分析数据库脆弱点,并生成扫描结果报告。定期对数据库进行漏洞扫描,有效暴露当前数据库系统的安全问题,并且对数据库的安全状况进行持续化监控,能够帮助系统管理员保持数据库的安全健康状态。

【实验设备】

- 安全设备:漏洞扫描系统 1 台。
- 应用服务器:W3SP2IIS6.0 服务器 1 台。

【实验拓扑】

数据库漏洞扫描实验拓扑图见图 2-42。

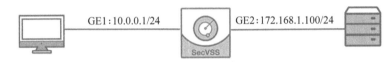

图 2-42　数据库漏洞扫描实验拓扑图

【实验思路】

(1) 使用网络配置管理员账户登录漏洞扫描系统。

(2) 新增漏洞扫描系统 IP 地址,该地址用于与 CMS 服务器通信使用。

(3) 使用系统管理员账户登录漏洞扫描系统,添加新的数据库扫描任务。

(4) 扫描结束后生成扫描报告。

【实验步骤】

1) 网络配置

(1) 在管理机中打开浏览器,在地址栏中输入漏洞扫描系统的 IP 地址"https://10.0.0.1"(以实际设备 IP 地址为准),打开漏洞扫描系统登录界面。使用网络配置管理员用户名/密码"account/account"登录漏洞扫描系统。

(2) 登录漏洞扫描系统 Web 界面。

(3) 在漏洞扫描系统 Web 界面中,单击左侧的"网络接口"模块。

(4) 选择界面上方工具栏中的"IP 配置",单击"新增"按钮,为漏洞扫描设备配置新的 IP 地址,该地址用于与应用服务器通信使用。

(5) 输入本实验设定的"IP 地址"为"172.168.1.100",输入"子网掩码"为"255.255.255.0",单击"提交"按钮,使配置生效。

(6) 新增 IP 地址成功。"IP 配置"界面将显示漏洞扫描系统新增的 IP 地址"172.168.1.100"。

2) 新建数据库漏洞扫描任务

(1) 进入管理机,重新打开浏览器,在地址栏中输入漏洞扫描系统的 IP 地址"https://10.0.0.1"(以实际设备 IP 地址为准),打开漏洞扫描系统登录界面。使用系统管理员用户名/密码"admin/!1fw@2soc♯3vpn"登录漏洞扫描系统。

（2）登录漏洞扫描系统 Web 界面。

（3）在漏洞扫描系统 Web 界面中，单击左侧的"任务中心"→"新建任务"模块，在界面右侧选择"数据库检测"，如图 2-43 所示。

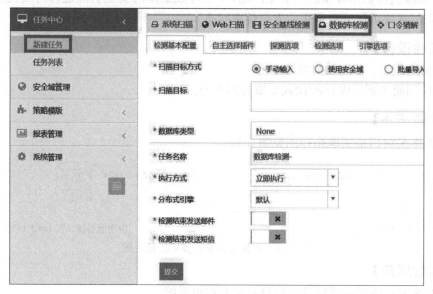

图 2-43 "数据库检测"模块

（4）开始新建数据库扫描任务，单击界面上方的"检测基本配置"模块，输入扫描目标及任务名称，例如，"扫描目标"输入"172.168.1.135"，"任务名称"输入"数据库检测-W3SP2"，如图 2-44 所示。

图 2-44 新建数据库扫描任务配置

（5）单击界面上方的"自主选择插件"模块，单击某一插件前的"已启用"可禁用该插件，单击"已禁用"可重新启用该插件，实现插件库自定义。此处保持默认配置，即启用全部插件，如图 2-45 所示。

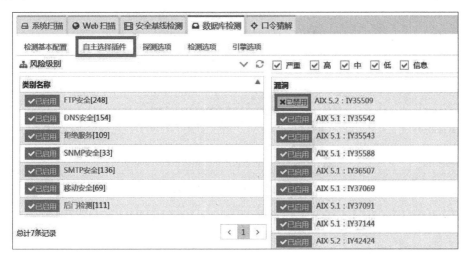

图 2-45　修改当前插件

（6）单击界面上方的"探测选项"模块，可配置"开启存活探测""主机存活测试""端口扫描方式"和"端口扫描范围"。此处保持默认配置，可根据实际需要进行修改，如图 2-46 所示。

图 2-46　"探测选项"配置

（7）单击界面上方的"检测选项"模块，可对扫描任务的检测方式进行相应配置。此处保持默认配置，可根据实际需要进行修改，如图 2-47 所示。

（8）单击界面上方的"引擎选项"模块，可对扫描任务引擎进行相应配置。包括对"单个主机检测并发数""单个扫描任务并发主机数""单个主机 TCP 连接数"等进行相应的配置。此处保持默认配置，可根据实际需要进行修改，如图 2-48 所示。

（9）所有配置完成之后，返回"扫描基本配置"模块，单击"提交"按钮，如图 2-49 所示。

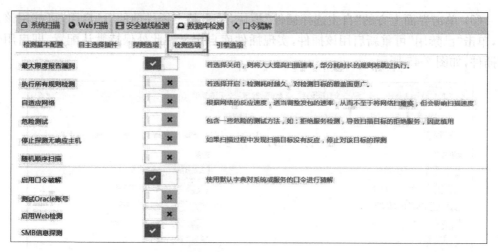

图 2-47 "检测选项"配置

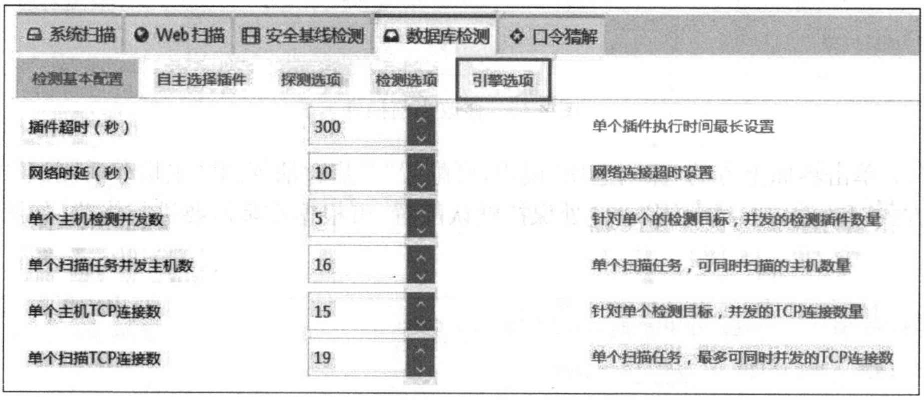

图 2-48 "引擎选项"配置

图 2-49 提交数据库扫描任务

（10）提交后，在任务列表模块中，可以查看新添加的"任务名称"为"数据库检测-W3SP2"的数据库漏洞扫描任务，如图 2-50 所示。

图 2-50　查看数据库漏洞扫描任务

（11）在"任务列表"模块中，勾选"任务名称"复选框，可以对选中的任务进行编辑或删除，也可单击"刷新"按钮，更新扫描状态，如图 2-51 所示。

图 2-51　编辑任务

（12）单击图 2-51 中的"编辑"按钮，进入数据库扫描任务的编辑界面，可以对"任务名称""执行方式"和"分布式引擎"重新进行编辑，编辑完成后单击"提交"按钮，如图 2-52 所示。

图 2-52　重新编辑数据库漏洞扫描任务

（13）返回"任务列表"界面，等待任务执行结束。扫描任务结束后，"任务列表"中将显示扫描任务名称为"数据库检测-W3SP2"的"开始时间""结束时间""检测耗时"以及"进度"，如图 2-53 所示。

图 2-53　数据库漏洞扫描任务执行结束

【实验预期】

系统管理员对目标数据库进行漏洞扫描,根据扫描到的漏洞信息,生成扫描结果报告。

【实验结果】

(1) 数据库漏洞扫描结束后,选中"数据库检测-W3SP2",查看漏洞扫描结果,如图 2-54 所示。

图 2-54　Web 漏洞扫描结果列表

(2) 在任务的"主机列表"模块查看"检测进度""主机漏洞排名"和"漏洞风险分布",如图 2-55 所示。

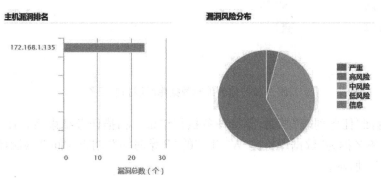

图 2-55　数据库漏洞扫描详细结果

(3) 在任务的“漏洞列表”模块查看漏洞的“风险级别”“漏洞名称”以及“漏洞所属分类”及“总计”，如图 2-56 所示。

风险级...	漏洞名称	漏洞所属分类	总计
高风险	Microsoft SQL Server默认凭据	数据库安全	1
中风险	TLS填充Oracle信息泄露漏洞（TLS POODLE）	通用	1
中风险	SSLv3在降级的旧版加密漏洞（POODLE）	通用	1
中风险	支持SSL弱密码套件	通用	1
中风险	SSL版本2和3协议检测	服务探测	1
中风险	SSL自签证书	通用	1
中风险	支持SSL RC4密码套件（酒吧Mitzvah）	通用	1
中风险	支持SSL中等强度密码套件	通用	1
中风险	具有错误主机名的SSL证书	通用	1
中风险	SSL证书不能信任	通用	1
低风险	支持SSL会话恢复	通用	1
低风险	支持SSL密码套件	通用	1
低风险	支持SSL密码块链接密码套件	通用	1
低风险	SSL证书信息	通用	1

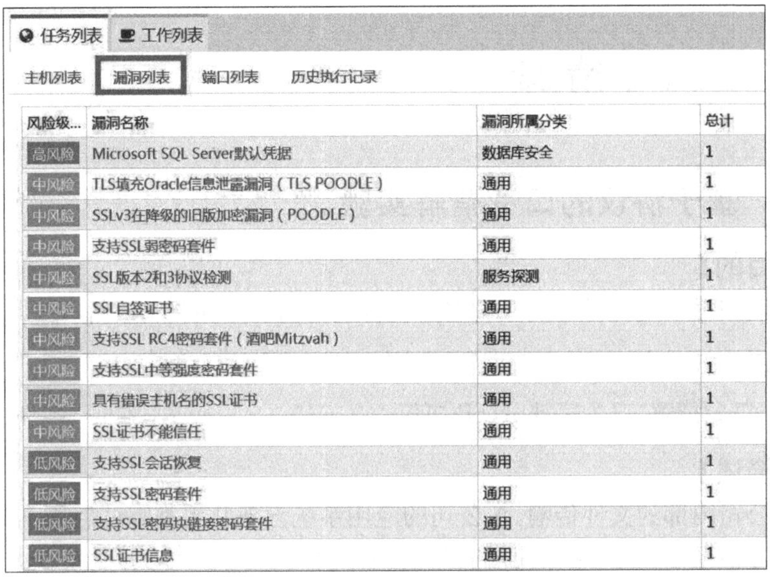

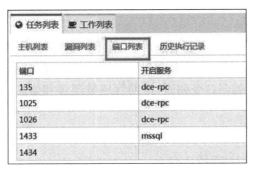

图 2-56　漏洞列表扫描结果

(4) 在任务的“端口列表”模块查看系统中开放的端口以及端口对应的服务，如图 2-57 所示。

端口	开启服务
135	dce-rpc
1025	dce-rpc
1026	dce-rpc
1433	mssql
1434	

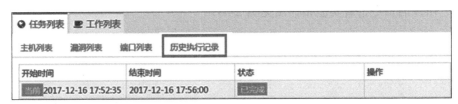

图 2-57　开放端口列表

(5) 在任务的“历史执行记录”模块查看此任务的执行记录，如图 2-58 所示。

开始时间	结束时间	状态	操作
当前 2017-12-16 17:52:35	2017-12-16 17:56:00	已完成	

图 2-58　历史执行记录

【实验思考】

若不知道数据库的用户名和口令,是否能够添加数据库扫描任务?

2.2 口令猜解

2.2.1 基于协议的口令猜解实验

【实验目的】

使用漏洞扫描系统对目标安全域中的设备进行弱口令探测和破解。

【知识点】

弱口令、口令猜解、口令字典、FTP 协议。

【场景描述】

为方便公司内部的文件传输,A 公司的应用系统设备几乎都默认启用 FTP 协议。公司的员工为方便记忆口令,往往使用简单的、容易猜测的字符作为口令。近日,由于弱口令造成的信息泄露事件频发,许多公司的应用系统设备都遭到入侵,损失了大量资源。为防止入侵者利用 FTP 协议的弱口令,A 公司的运维管理小王需要检测公司内部正在启用的 FTP 服务是否存在弱口令漏洞,以便及时修改口令,增加口令的复杂度。请思考应如何解决这个问题。

【实验原理】

使用系统管理员账户登录漏洞扫描系统。在漏洞扫描系统的"任务中心"→"新建任务"→"口令猜解"模块中,可以对目标安全域进行基于协议的弱口令检测,根据扫描得到的弱口令信息,生成协议的弱口令列表,帮助管理员理解和修复存在的问题,定期修改口令,更换为复杂口令。

【实验设备】

- 安全设备:漏洞扫描系统 1 台。
- CMS 服务器:weekpassword 服务器 1 台。

【实验拓扑】

基于协议的口令猜解实验拓扑图见图 2-59。

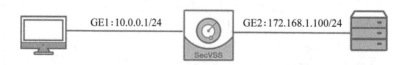

图 2-59 基于协议的口令猜解实验拓扑图

【实验思路】

（1）使用网络配置管理员账户登录漏洞扫描系统。

（2）新增漏洞扫描系统 IP 地址，该地址用于与 CMS 服务器通信。

（3）使用系统管理员账户登录漏洞扫描系统，添加系统漏洞扫描任务。

（4）系统漏洞扫描任务执行结束后，针对系统扫描安全域，添加基于协议的口令猜解任务。

（5）扫描结束后可查看扫描得到的针对 FTP 协议的弱口令信息。

【实验步骤】

1）网络配置

（1）在管理机中打开浏览器，在地址栏中输入漏洞扫描系统的 IP 地址"https://10.0.0.1"（以实际设备 IP 地址为准），打开漏洞扫描系统登录界面。使用网络管理员用户名/密码"account/account"登录漏洞扫描系统。

（2）登录漏洞扫描系统 Web 界面。

（3）在漏洞扫描系统 Web 界面中，单击左侧的"网络接口"模块。

（4）选择界面上方工具栏中的"IP 配置"，单击"新增"按钮，为漏洞扫描设备配置新的 IP 地址，该地址用于与 CMS 服务器通信使用。

（5）输入本实验设定的"IP 地址"为"172.168.1.100"，输入"子网掩码"为"255.255.255.0"，单击"提交"按钮，使配置生效。

（6）新增 IP 地址成功。"IP 配置"界面将显示漏洞扫描系统新增的 IP 地址"172.168.1.100"。

2）新建系统漏洞扫描任务

（1）进入管理机，重新打开浏览器，在地址栏中输入漏洞扫描系统的 IP 地址"https://10.0.0.1"（以实际设备 IP 地址为准），打开漏洞扫描系统登录界面。使用系统管理员用户名/密码"admin/!1fw@2soc♯3vpn"登录漏洞扫描系统。

（2）登录漏洞扫描系统 Web 界面。

（3）在漏洞扫描系统 Web 界面中，单击面板左侧的"任务中心"→"新建任务"模块，在界面右侧选择"系统扫描"，如图 2-60 所示。

（4）开始新建系统漏洞扫描任务，单击界面左上方的"扫描基本配置"模块，输入"扫描目标"为"172.168.1.108"，"任务名称"为"系统扫描-YXcms"，如图 2-61 所示。

（5）单击界面上方工具栏中的"自主选择插件"模块，可对扫描任务使用的插件进行修改，如图 2-62 所示。

（6）进入"自主选择插件"模块，单击某一插件前的"已启用"可禁用该插件，单击"已禁用"可重新启用该插件，实现插件库自定义。此处保持默认配置，即启用全部插件，如图 2-63 所示。

（7）单击界面上方的"探测选项"模块，可设置是否进行主机存活测试以及配置端口扫描方式及扫描范围。除默认配置外，需勾选"UDP PING"复选框，如图 2-64 所示。

图 2-60 "系统扫描"界面

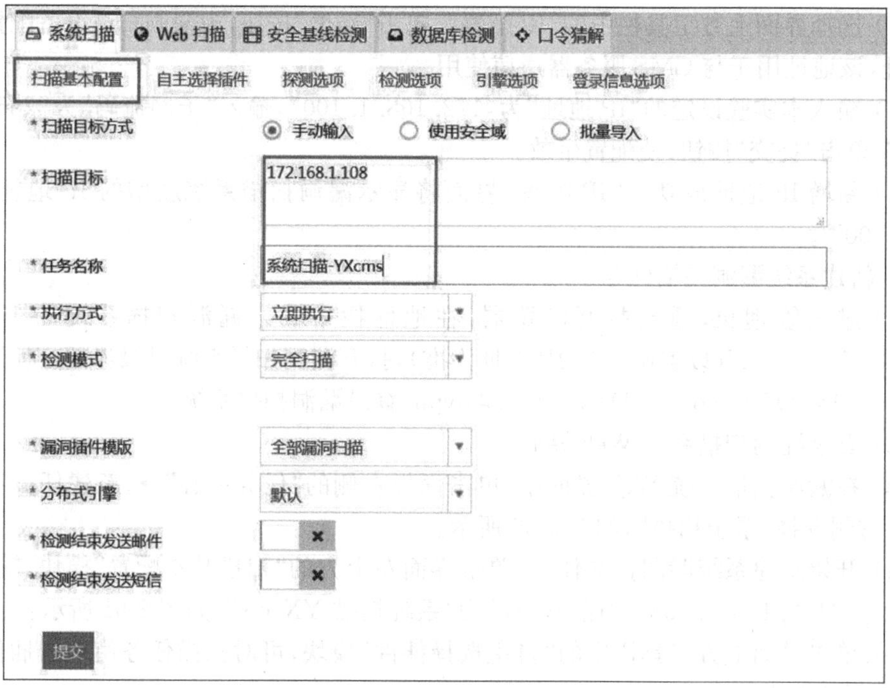

图 2-61 新建系统漏洞扫描任务

图 2-62 自主选择插件

图 2-63　修改插件

图 2-64　"探测选项"配置

（8）单击界面上方的"检测选项"模块，可对扫描任务的检测方式进行相应配置。此处保持默认配置，可根据实际需要进行修改，如图 2-65 所示。

图 2-65　"检测选项"配置

（9）单击界面上方的"引擎选项"模块，可对扫描任务引擎进行相应配置。包括对"单个主机检测并发数""单个主机 TCP 连接数""单个扫描 TCP 连接数"等选项进行配置。此处保持默认配置，可根据实际需要进行修改，如图 2-66 所示。

图 2-66 "引擎选项"配置

（10）单击界面上方的"登录信息选项"模块，可根据扫描任务需要对扫描任务登录信息进行相应配置，包括"预设登录账号""数据库类型""微软 WSUS 账号"和"微软 WSUS 密码"等信息。此处保持默认配置，可根据实际需要进行修改，如图 2-67 所示。

图 2-67 "登录信息选项"配置

（11）所有配置完成之后，返回"扫描基本配置"模块，单击"提交"按钮，如图 2-68 所示。

（12）提交后，在任务列表中，可以查看新添加的任务名称为"系统扫描-YXcms"的系统漏洞扫描任务，如图 2-69 所示。

（13）等待任务名称为"系统扫描-YXcms"的系统漏洞扫描任务执行结束，如图 2-70 所示。

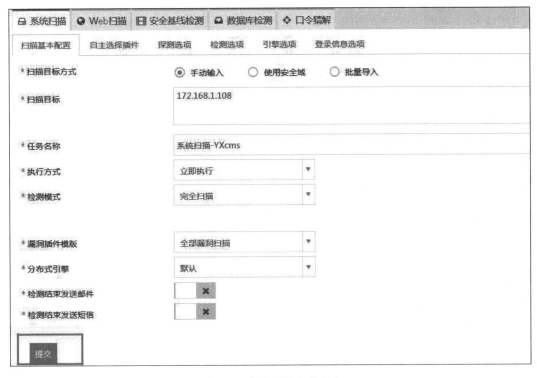

系统扫描
Web扫描
安全基线检测
数据库检测
口令猜解
扫描基本配置
自主选择插件
探测选项
检测选项
引擎选项
登录信息选项
* 扫描目标方式
手动输入
使用安全域
批量导入
* 扫描目标
172.168.1.108
* 任务名称
系统扫描-YXcms
* 执行方式
立即执行
* 检测模式
完全扫描
* 漏洞插件模版
全部漏洞扫描
* 分布式引擎
默认
* 检测结束发送邮件
* 检测结束发送短信
提交

图 2-68　提交系统扫描任务

任务列表
工作列表
新增
刷新
搜索任务名
任务名称
检测周期
开始时间
结束时间
检测耗时
进度
操作
系统扫描-YXcms
手动执行
2017-12-16 16:...
1秒
发现漏洞数：0 发现主机数：0
暂停
停止

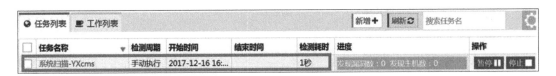

图 2-69　查看系统漏洞扫描任务

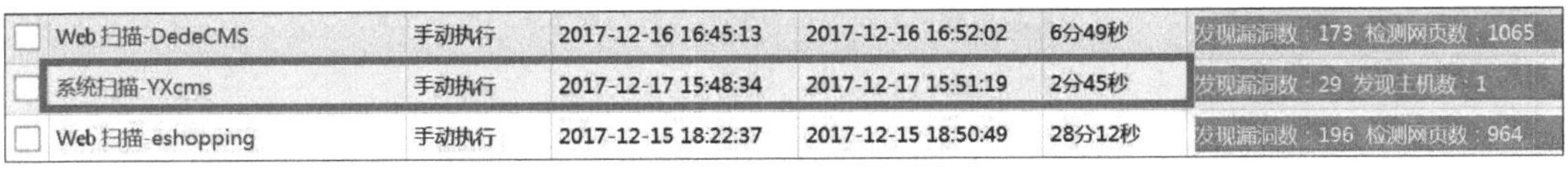

Web 扫描-DedeCMS　手动执行　2017-12-16 16:45:13　2017-12-16 16:52:02　6分49秒　发现漏洞数：173 检测网页数：1065
系统扫描-YXcms　手动执行　2017-12-17 15:48:34　2017-12-17 15:51:19　2分45秒　发现漏洞数：29 发现主机数：1
Web 扫描-eshopping　手动执行　2017-12-15 18:22:37　2017-12-15 18:50:49　28分12秒　发现漏洞数：196 检测网页数：964

图 2-70　系统漏洞扫描任务执行结束

3）新建基于协议的口令猜解任务

（1）返回漏洞扫描系统的主面板界面，单击“任务中心”中的“新建任务”，新建基于协议的口令猜解任务，如图 2-71 所示。

（2）单击界面上方工具栏中的“口令猜解”模块，添加口令猜解任务，通过对系统安全域进行扫描，发现弱口令，并利用漏洞扫描系统中的口令字典进行弱口令猜解，如图 2-72 所示。

（3）单击工具栏中的“基本配置”，对口令猜解任务进行配置。单击“安全域名称”下

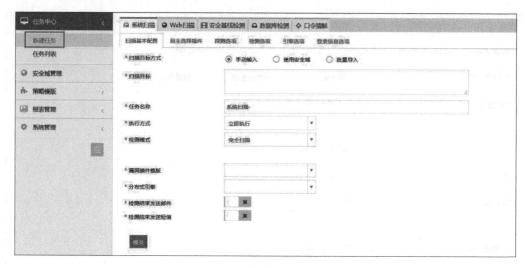

图 2-71　打开漏洞扫描系统主界面

图 2-72　添加口令猜解任务

拉菜单，选择"系统扫描-YXcms 安全域"；输入"任务名称"为"口令猜解-xieyi"；设置"执行方式"为"立即执行"；设置"服务类型"为 FTP，如图 2-73 所示。

（4）单击"引擎选项"进行口令猜解引擎配置，包括对单个服务进行口令猜解的探测速度和并发线程数配置。此处保持默认配置，可根据实际需要进行修改，如图 2-74 所示。

（5）返回"基本配置"界面，单击界面下方的"提交"按钮，开始执行基于协议的口令猜解任务，如图 2-75 所示。

图 2-73　添加基于协议的口令猜解任务

图 2-74　引擎选项配置

（6）提交后，在"任务列表"模块中，可以查看新添加的口令猜解任务，如图 2-76 所示。

（7）在任务列表模块中，可以对选中的任务进行编辑或删除，也可单击"刷新"按钮，更新扫描状态，如图 2-77 所示。

（8）单击"编辑"按钮，进入口令猜解任务的编辑界面，可以对"安全域名称""任务名称""执行方式""服务类型"及"数据库类型"重新进行编辑，编辑完成后单击"提交"按钮，如图 2-78 所示。

（9）返回"任务列表"界面，等待基于协议的口令猜解任务执行结束，如图 2-79 所示。

【实验预期】

通过添加基于协议的口令猜解任务，对系统中开放的端口使用的协议进行弱口令探测，并生成弱口令列表，展示弱口令的服务、端口、用户名及口令。

【实验结果】

（1）口令猜解任务执行结束后，选中名称为"口令猜解-xieyi"的任务，查看此次口令

图 2-75　提交口令猜解任务

图 2-76　任务列表

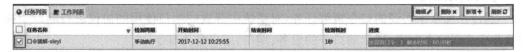

图 2-77　编辑任务

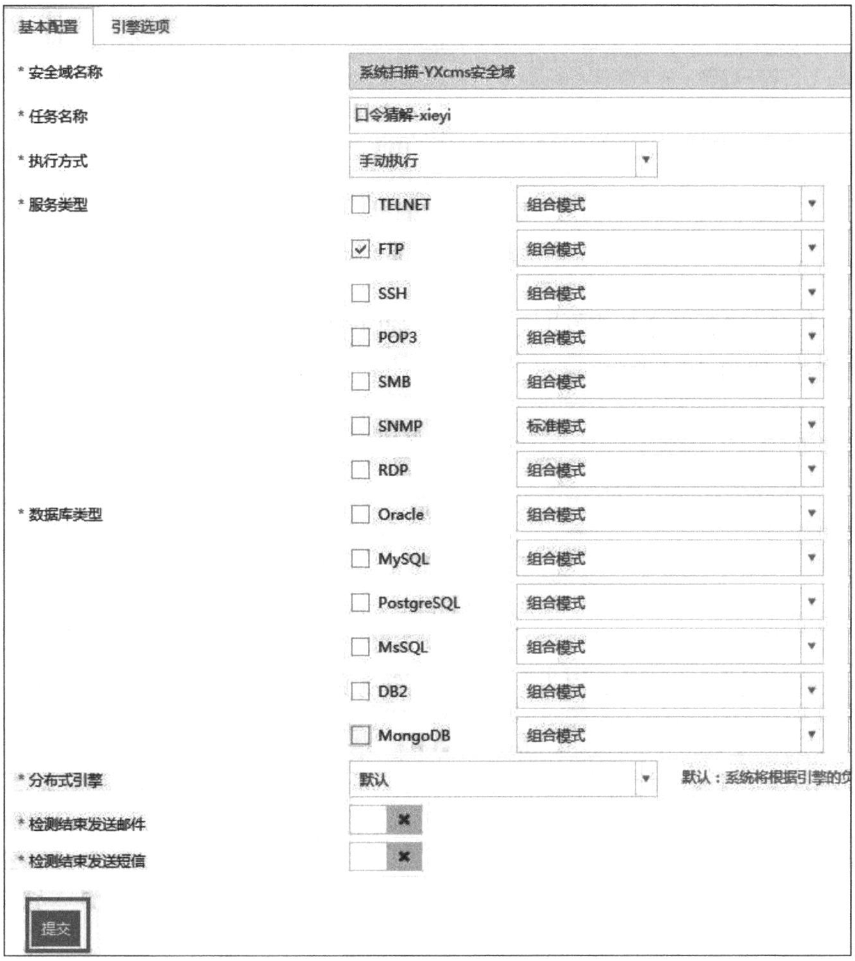

图 2-78　重新编辑口令猜解任务

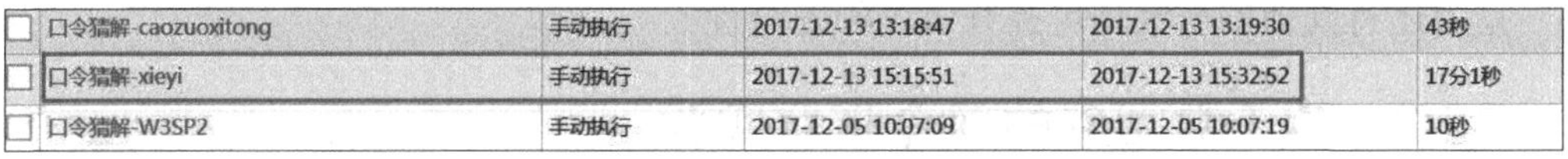

口令猜解-caozuoxitong	手动执行	2017-12-13 13:18:47	2017-12-13 13:19:30	43秒
口令猜解-xieyi	手动执行	2017-12-13 15:15:51	2017-12-13 15:32:52	17分1秒
口令猜解-W3SP2	手动执行	2017-12-05 10:07:09	2017-12-05 10:07:19	10秒

图 2-79　任务执行结束

猜解任务的详细信息以及猜解结果。包括查看任务的“主机列表”“弱口令列表”和“历史执行记录”，如图 2-80 所示。

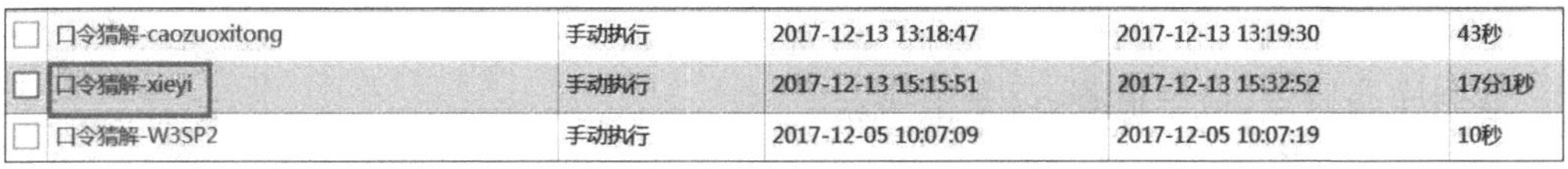

口令猜解-caozuoxitong	手动执行	2017-12-13 13:18:47	2017-12-13 13:19:30	43秒
口令猜解-xieyi	手动执行	2017-12-13 15:15:51	2017-12-13 15:32:52	17分1秒
口令猜解-W3SP2	手动执行	2017-12-05 10:07:09	2017-12-05 10:07:19	10秒

图 2-80　查看口令猜解任务详细信息

(2) 在“主机列表”模块中可查看扫描主机的 IP 地址、任务进度以及弱口令数量，如

图 2-81 所示。

图 2-81　主机列表

（3）在任务的"弱口令列表"模块中可查看针对 FTP 协议的弱口令端口、服务信息、用户名及密码，如图 2-82 所示。

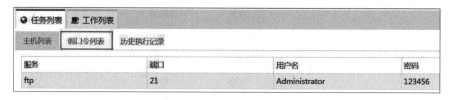

图 2-82　弱口令列表

（4）在任务的"历史执行记录"模块查看此任务的执行记录，如图 2-83 所示。

图 2-83　历史执行记录

【实验思考】

是否还有其他安全策略可提升协议的安全性？

2.2.2　基于数据库的口令猜解实验

【实验目的】

新建基于数据库口令猜解任务，添加扫描安全域，使用漏洞扫描系统中的口令猜解模块对目标安全域的数据库进行弱口令探测和破解。

【知识点】

数据库弱口令、口令猜解、口令字典。

【场景描述】

A 公司的数据库管理员为方便记忆口令，往往使用简单的、容易猜测的字符作为口令。近日，由于弱口令造成的信息泄露事件频发，许多公司的应用系统设备都遭到入侵，损失了大量资源。为防止入侵者利用数据库的弱口令，A 公司的运维管理小王需要检测公司内部正在运行的数据库服务是否存在弱口令漏洞，以便及时修改口令，增加口令的复杂度。请思考应如何解决这个问题。

【实验原理】

使用系统管理员账户登录漏洞扫描系统。在漏洞扫描系统的"任务中心"→"新建任务"→"口令猜解"模块中，可以对数据库检测安全域进行数据库弱口令检测，根据扫描得到的弱口令信息，生成弱口令列表，帮助管理员及时修改数据库弱口令，更换为复杂口令，从而提高数据库的安全系数。

【实验设备】

- 安全设备：漏洞扫描系统 1 台。
- 应用服务器：W3SP2IIS6.0 服务器 1 台。

【实验拓扑】

基于数据库的口令猜解实验拓扑图见图 2-84。

图 2-84　基于数据库的口令猜解实验拓扑图

【实验思路】

（1）使用网络配置管理员账户登录漏洞扫描系统。

（2）新增漏洞扫描系统 IP 地址，该地址用于与 CMS 服务器通信。

（3）使用系统管理员账户登录漏洞扫描系统，添加数据库漏洞扫描任务。

（4）数据库漏洞扫描任务执行结束后，针对数据库扫描安全域添加基于数据库的口令猜解任务。

（5）扫描结束后可查看扫描得到的弱口令信息。

【实验步骤】

1）网络配置

（1）在管理机中打开浏览器，在地址栏中输入漏洞扫描系统的 IP 地址"https://10.0.0.1"（以实际设备 IP 地址为准），打开漏洞扫描系统登录界面。使用网络配置管理员用户名/密码"account/account"登录漏洞扫描系统。

（2）登录漏洞扫描系统 Web 界面。

（3）在漏洞扫描系统 Web 界面中，单击左侧的"网络接口"模块。

（4）选择界面上方工具栏中的"IP 配置"，单击"新增"按钮，为漏洞扫描设备配置新的 IP 地址，该地址用于与应用服务器通信使用。

（5）输入本实验设定的"IP 地址"为"172.168.1.100"，输入"子网掩码"为"255.255.

255.0",单击"提交"按钮,使配置生效。

(6)新增 IP 地址成功。"IP 配置"界面将显示漏洞扫描系统新增的 IP 地址"172.
168.1.100"。

2)新建数据库漏洞扫描任务

(1)进入管理机,重新打开浏览器,在地址栏中输入漏洞扫描系统的 IP 地址
"https://10.0.0.1"(以实际设备 IP 地址为准),打开漏洞扫描系统登录界面。使用系统
管理员用户名/密码"admin/!1fw@2soc♯3vpn"登录漏洞扫描系统。

(2)登录漏洞扫描系统 Web 界面。

(3)在漏洞扫描系统 Web 界面中,单击左侧的"任务中心"→"新建任务"模块,在界
面右侧选择"数据库检测",如图 2-85 所示。

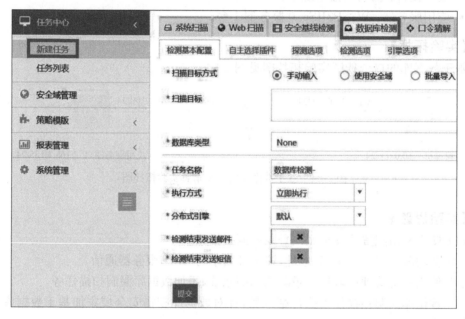

图 2-85　"数据库检测"界面

(4)开始新建数据库扫描任务,单击界面上方的"检测基本配置"模块,输入"扫描目
标"为"172.168.1.135""任务名称"为"数据库检测-W3SP2",如图 2-86 所示。

(5)单击界面上方的"自主选择插件"模块,单击某一插件前的"已启用"可禁用该插
件,单击"已禁用"可重新启用该插件,实现插件库自定义。此处保持默认配置,即启用全
部插件,如图 2-87 所示。

(6)单击界面上方的"探测选项"模块,可配置"开启主机存活测试""端口扫描方式"
以及"端口扫描范围"。此处保持默认配置,可根据实际需要进行修改,如图 2-88 所示。

(7)单击界面上方的"检测选项"模块,可对扫描任务的检测方式进行相应配置。此
处保持默认配置,可根据实际需要进行修改,如图 2-89 所示。

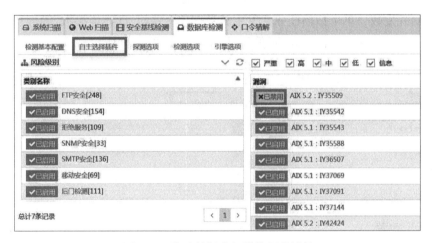

图 2-86　新建数据库扫描任务

图 2-87　修改数据库扫描使用的插件

图 2-88　进行数据库监测所需的探测配置

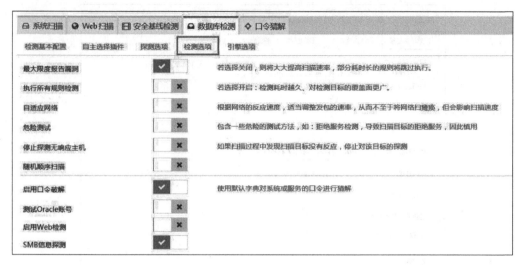

图 2-89　进行数据库监测所需的检测配置

（8）单击界面上方的"引擎选项"模块，可对扫描任务引擎进行相应配置。包括对"单个主机检测并发数""单个扫描任务并发主机数""单个主机 TCP 连接数"等进行相应的配置。此处保持默认配置，可根据实际需要进行修改，如图 2-90 所示。

图 2-90　进行数据库监测所需的引擎配置

（9）所有配置完成之后，返回"扫描基本配置"模块，单击"提交"按钮，如图 2-91 所示。

（10）提交后，在任务列表模块中，可以看到新添加的任务名称为"数据库检测-W3SP2"的数据库漏洞扫描任务，如图 2-92 所示。

（11）等待任务名称为"数据库检测-W3SP2"的数据库漏洞扫描任务执行结束，如图 2-93 所示。

3）新建基于数据库的口令猜解任务

（1）返回漏洞扫描系统的主界面，单击界面左侧工具栏中"任务中心"下的"新建任

图 2-91　提交数据库扫描任务

图 2-92　查看数据库漏洞扫描任务

图 2-93　数据库漏洞扫描任务执行结果

务",新建基于数据库的口令猜解任务,如图 2-94 所示。

（2）单击界面上方工具栏中的"口令猜解",添加猜解任务,通过对数据库安全域进行扫描,发现弱口令,并利用系统中的口令字典进行弱口令猜解,如图 2-95 所示。

（3）单击界面上方工具栏中的"基本配置"模块,"安全域名称"输入"数据库检测-W3SP2 安全域","任务名称"输入"口令猜解-W3SP2","执行方式"设置为"立即执行","数据库类型"勾选 MsSQL 复选框,如图 2-96 所示。

（4）单击"引擎选项"模块,进行口令猜解引擎配置,包括对单个服务进行口令猜解的探测速度和并发线程数配置。此处保持默认配置,可根据实际需要进行修改。配置完成后,返回"基本配置"界面,单击界面下方的"提交"按钮,即可添加口令猜解任务,如图 2-97 所示。

图 2-94　漏洞扫描系统主界面

图 2-95　再次进入口令猜解界面

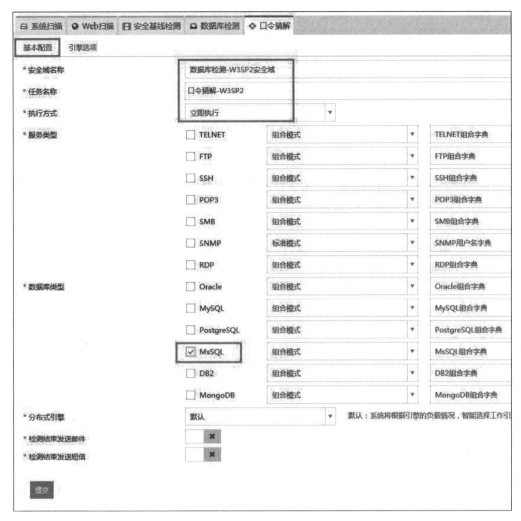

图 2-96　再次添加口令猜解任务

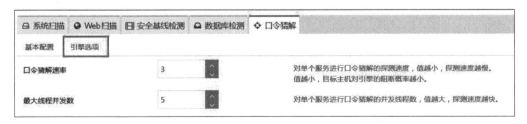

图 2-97　重新进行引擎选项配置

（5）提交任务后，单击界面左侧的"任务列表"，可以查看新添加的口令猜解任务，如图 2-98 所示。

（6）在"任务列表"模块中，可以对选中的任务进行编辑或删除，也可单击"刷新"按钮，更新扫描状态，如图 2-99 所示。

图 2-98　查看任务列表

图 2-99　编辑口令猜解任务

(7) 单击"编辑"按钮,进入口令猜解任务的编辑界面,可以对"安全域名称""任务名称""执行方式""服务类型"及"数据库类型"重新进行编辑,编辑完成后单击"提交"按钮,如图 2-100 所示。

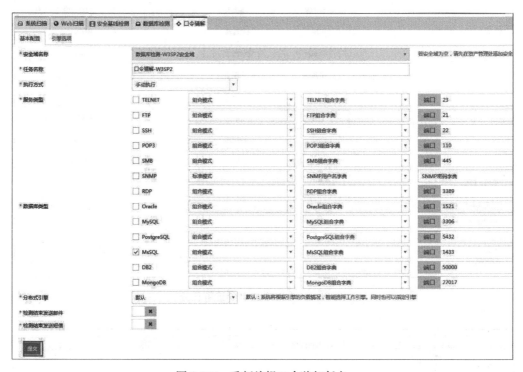

图 2-100　重新编辑口令猜解任务

(8) 返回"任务列表"界面,等待基于数据库的口令猜解任务执行结束,如图 2-101 所示。

图 2-101　任务执行结束

【实验预期】

系统管理员在漏洞扫描系统中,可通过口令猜解模块对数据库进行弱口令扫描,通过配置引擎,设置单个服务进行口令猜解的探测速度和单个服务进行口令猜解的并发线程数,并对口令猜解结果进行展示,包括弱口令的服务、端口、用户名及口令。

【实验结果】

(1) 口令猜解任务执行结束后,单击名称为"口令猜解-W3SP2"的任务,可以查看此次口令猜解任务的详细信息以及猜解结果,包括"主机列表""弱口令列表"和"历史执行记录",如图 2-102 所示。

	口令猜解-W3SP2	手动执行	2017-12-05 10:07:09	2017-12-05 10:07:19	10秒	发现弱口令 : 2
	口令猜解-mysql	手动执行	2017-12-04 09:29:21	2017-12-04 09:29:54	33秒	发现弱口令 : 2

图 2-102 口令猜解任务结果列表

(2) 在"主机列表"模块中可查看扫描任务的进度和弱口令数量,如图 2-103 所示。

主机列表 弱口令列表 历史执行记录		
主机名称	检测进度	弱口令总计
172.168.1.135	1/1	2

图 2-103 口令猜解任务详细结果

(3) 在任务的"弱口令列表"模块中可查看针对 mssql 数据库的弱口令端口、服务信息、用户名及密码,如图 2-104 所示。

图 2-104 弱口令列表

(4) 在任务的"历史执行记录"模块中可查看此口令猜解任务的执行记录,如图 2-105 所示。

任务列表 工作列表		
主机列表 弱口令列表 历史执行记录		
开始时间	结束时间	状态
当前 2017-12-05 10:07:09	2017-12-05 10:07:19	已完成

图 2-105 历史执行记录

【实验思考】

若不存在数据库检测安全域,应该如何操作才能继续进行数据库口令猜解?

2.2.3 基于操作系统的口令猜解实验

【实验目的】

新建口令猜解任务,使用漏洞扫描系统中的口令猜解模块对目标安全域进行基于操作系统的弱口令探测和破解。

【知识点】

操作系统弱口令、口令猜解、口令字典。

【场景描述】

由于弱口令造成的信息泄露事件频发,许多公司的应用系统设备都遭到入侵,损失了大量资源。A 公司运维人员小王负责几十台的应用系统设备,想要一一检测这些设备是否存在弱口令漏洞几乎是不可行的。如何高效快速地检测弱口令设备成为至关重要的问题。请思考应如何解决这个问题。

【实验原理】

使用系统管理员账户登录漏洞扫描系统。在漏洞扫描系统的"任务中心"→"新建任务"→"口令猜解"模块中,可以对目标安全域进行操作系统弱口令检测,根据扫描得到的弱口令信息,生成弱口令列表,帮助管理员理解和修复存在的问题,定期修改口令,更换为复杂口令等,从而提高系统的安全系数。

【实验设备】

- 安全设备:漏洞扫描系统 1 台。
- CMS 服务器:weekpassword 服务器 1 台。

【实验拓扑】

基于操作系统的口令猜解实验拓扑图见图 2-106。

管理机:10.0.0.*/24　　　　　　　　　　　　　　　　　CMS服务器:172.168.1.108/24

图 2-106　基于操作系统的口令猜解实验拓扑图

【实验思路】

(1) 使用网络配置管理员账户登录漏洞扫描系统。

(2) 新增漏洞扫描系统 IP 地址,该地址用于与 CMS 服务器通信。

(3) 使用系统管理员账户登录漏洞扫描系统,添加系统漏洞扫描任务。

(4) 系统漏洞扫描任务执行结束后,针对系统扫描安全域,添加基于操作系统的口令猜解任务。

（5）扫描结束后可查看扫描得到的系统弱口令信息。

【实验步骤】

1）网络配置

（1）在管理机中打开浏览器，在地址栏中输入漏洞扫描系统的 IP 地址"https：//10.0.0.1"（以实际设备 IP 地址为准）打开漏洞扫描系统登录界面。使用网络管理员用户名/密码"account/account"登录漏洞扫描系统。

（2）登录漏洞扫描系统 Web 界面。

（3）在漏洞扫描系统 Web 界面中，单击左侧的"网络接口"模块。

（4）选择界面上方工具栏中的"IP 配置"，单击"新增"按钮，为漏洞扫描设备配置新的 IP 地址，该地址用于与 CMS 服务器通信使用。

（5）输入本实验设定的"IP 地址"为"172.168.1.100"，输入"子网掩码"为"255.255.255.0"，单击"提交"按钮，使配置生效。

（6）新增 IP 地址成功。"IP 配置"界面将显示漏洞扫描系统新增的 IP 地址"172.168.1.100"。

2）新建系统漏洞扫描任务

（1）进入管理机，重新打开浏览器，在地址栏中输入漏洞扫描系统的 IP 地址"https：//10.0.0.1"（以实际设备 IP 地址为准），打开漏洞扫描系统登录界面。使用系统管理员用户名/密码"admin/!1fw@2soc#3vpn"登录漏洞扫描系统。

（2）登录漏洞扫描系统 Web 界面。

（3）在漏洞扫描系统 Web 界面中，单击面板左侧的"任务中心"→"新建任务"模块，在界面右侧选择"系统扫描"，如图 2-107 所示。

图 2-107　"系统扫描"界面

(4) 开始新建系统漏洞扫描任务,单击界面上方的"扫描基本配置"模块,输入"扫描目标"为"172.168.1.108","任务名称"为"系统扫描-YXcms",如图 2-108 所示。

图 2-108　新建系统漏洞扫描任务

(5) 单击界面上方工具栏中的"自主选择插件"模块,可对扫描任务使用的插件进行修改,如图 2-109 所示。

图 2-109　自主选择插件

(6) 进入"自主选择插件"模块,单击某一插件前的"已启用"可禁用该插件,单击"已禁用"可重新启用该插件,实现插件库自定义。此处保持默认配置,即启用全部插件,如图 2-110 所示。

(7) 单击界面上方的"探测选项"模块,可设置是否进行主机存活测试以及配置端口扫描方式及扫描范围。除默认配置外,需勾选"UDP PING"复选框,如图 2-111 所示。

(8) 单击界面上方的"检测选项"模块,可对扫描任务的检测方式进行相应配置。此处保持默认配置,可根据实际需要进行修改,如图 2-112 所示。

(9) 单击界面上方的"引擎选项"模块,可对扫描任务引擎进行相应配置,包括对"单个主机检测并发数""单个主机 TCP 连接数""单个扫描 TCP 连接数"等选项进行配置。

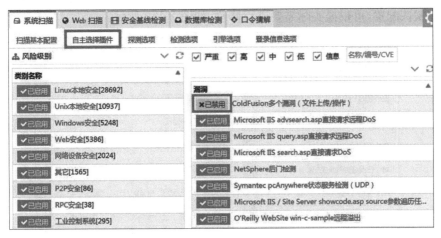

图 2-110 修改当前使用的插件

图 2-111 进行系统扫描需要的探测配置

图 2-112 进行系统扫描需要的检测配置

此处保持默认配置,可根据实际需要进行修改,如图 2-113 所示。

图 2-113　进行系统扫描需要的引擎配置

（10）单击界面上方的"登录信息选项"模块,可根据扫描任务需要对扫描任务登录信息进行相应设置,包括"预设登录账号""数据库类型""微软 WSUS 账号"和"微软 WSUS 密码"等信息。此处保持默认配置,可根据实际需要进行修改,如图 2-114 所示。

图 2-114　更改登录信息

（11）所有配置完成之后,返回"扫描基本配置"模块,单击"提交"按钮,如图 2-115 所示。

（12）提交后,在任务列表中,可以查看新添加的名称为"系统扫描-YXcms"的系统漏洞扫描任务,如图 2-116 所示。

（13）等待名称为"系统扫描-YXcms"的系统漏洞扫描任务执行结束,如图 2-117 所示。

3）新建基于操作系统的口令猜解任务

（1）返回漏洞扫描系统的主界面。单击"任务中心"中的"新建任务",新建基于操作

图 2-115　提交配置的系统扫描任务

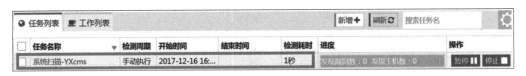

图 2-116　查看系统漏洞扫描任务

图 2-117　系统漏洞扫描任务执行结果

系统的口令猜解任务,如图 2-118 所示。

（2）单击界面上方工具栏中的"口令猜解"模块,添加口令猜解任务,通过对系统安全域进行扫描,发现弱口令,并利用漏洞扫描系统中的口令字典进行弱口令猜解,如图 2-119 所示。

（3）单击工具栏中的"基本配置"模块,对口令猜解任务进行配置。单击"安全域名称"下拉菜单,选择"系统扫描-YXcms 安全域";输入"任务名称"为"口令猜解-caozuoxitong";设置"执行方式"为"立即执行";此实验中"服务类型"和"数据库类型"中的复选框全部勾选,可根据实际需要进行修改,如图 2-120 所示。

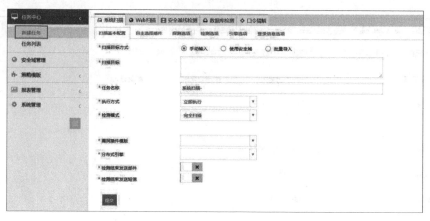

图 2-118　再次进入漏洞扫描系统主界面

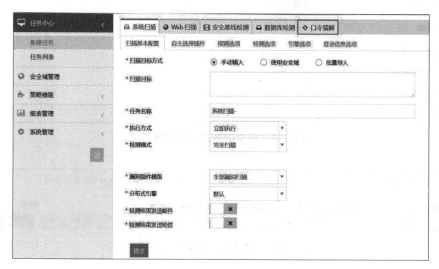

图 2-119　添加系统扫描需要的口令猜解任务

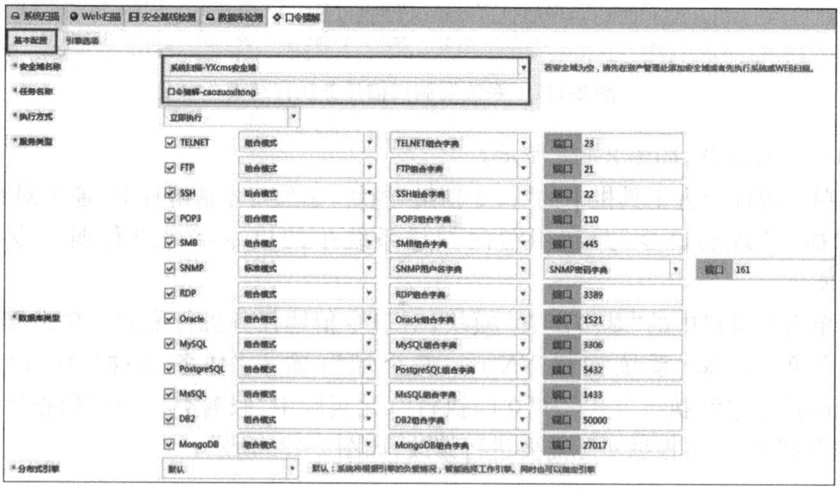

图 2-120　添加基于操作系统的口令猜解任务

（4）单击"引擎选项"模块，进行口令猜解引擎配置。包括对单个服务进行口令猜解的探测速度和并发线程数配置。配置完成后，返回"基本配置"界面，单击界面下方的"提交"按钮，即可添加口令猜解任务，如图 2-121 所示。

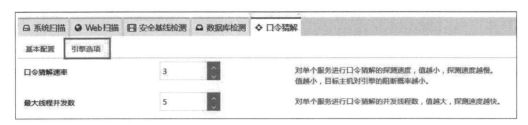

图 2-121 "引擎选项"配置

（5）任务提交后，单击界面左侧的"任务列表"，在"任务列表"模块中，可以查看新添加的口令猜解任务，如图 2-122 所示。

图 2-122 查看当前的任务列表

（6）在任务列表模块中，可以对选中的任务进行编辑或删除，也可单击"刷新"按钮刷新任务执行状态，更新扫描状态，如图 2-123 所示。

图 2-123 编辑或删除任务

（7）单击图 2-123 中的"编辑"按钮，进入口令猜解任务的编辑界面，可以对"任务名称""执行方式""服务类型"及"数据库类型"重新进行编辑，编辑完成后单击"提交"按钮，如图 2-124 所示。

（8）返回"任务列表"界面，等待基于操作系统的口令猜解任务执行结束，如图 2-125 所示。

【实验预期】

系统管理员在漏洞扫描系统中，可通过口令猜解模块对某个系统设备或用户主机操作系统进行弱口令扫描，并将口令猜解结果（包括弱口令的服务、端口、用户名及密码）进行展示，帮助系统管理员发现系统中存在的弱口令信息，及时修改为复杂口令，保护系统设备安全。

【实验结果】

（1）口令猜解任务执行结束后，单击名称为"口令猜解-caozuoxitong"的任务，查看此

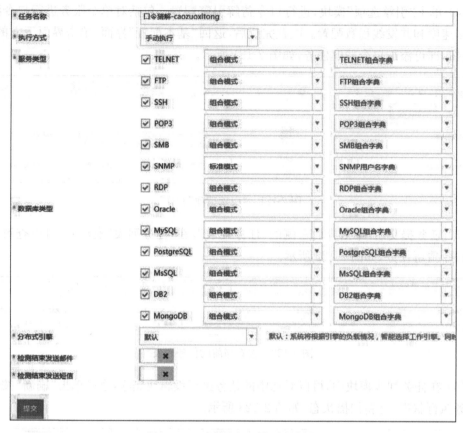

图 2-124　重新编辑口令猜解任务

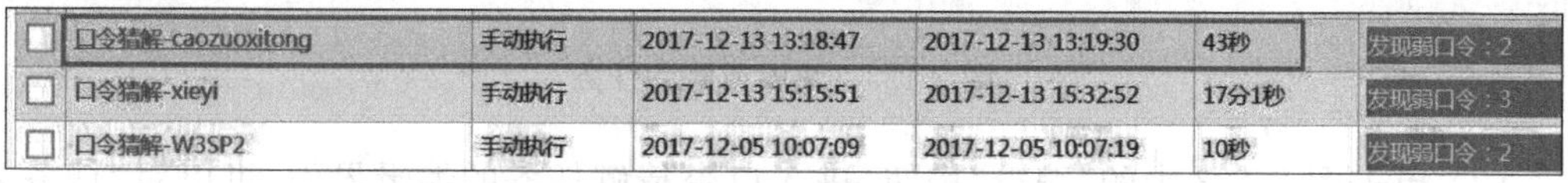

	口令猜解-caozuoxitong	手动执行	2017-12-13 13:18:47	2017-12-13 13:19:30	43秒	发现弱口令：2
	口令猜解-xieyi	手动执行	2017-12-13 15:15:51	2017-12-13 15:32:52	17分1秒	发现弱口令：3
	口令猜解-W3SP2	手动执行	2017-12-05 10:07:09	2017-12-05 10:07:19	10秒	发现弱口令：2

图 2-125　任务执行结束

次口令猜解任务的详细信息以及猜解结果，包括查看任务的"主机列表""弱口令列表"和"历史执行记录"，如图 2-126 所示。

	口令猜解-caozuoxitong	手动执行	2017-12-13 13:18:47	2017-12-13 13:19:30	43秒	发现弱口令：2
	口令猜解-xieyi	手动执行	2017-12-13 15:15:51	2017-12-13 15:32:52	17分1秒	发现弱口令：3

图 2-126　查看口令猜解任务结果列表

（2）在"主机列表"模块中可查看扫描任务的进度和弱口令数量，如图 2-127 所示。

（3）在任务的"弱口令列表"模块中可查看操作系统中存在的弱口令，包括弱口令的端口、服务信息、用户名及密码，如图 2-128 所示。

（4）在任务的"历史执行记录"模块查看此任务的执行记录，如图 2-129 所示。

图 2-127　口令猜解任务详细结果

图 2-128　弱口令列表

图 2-129　历史执行记录

【实验思考】

如何提高基于操作系统的口令猜解效率?

第3章

漏洞扫描系统高级应用

漏洞扫描系统不仅具备丰富的基本功能,还提供很多高级应用。在完成目标系统的安全漏洞扫描检查后,需要对扫描的结果进行分析,评估目标网络的安全级别,生成评估报告;同时,还需要对系统进行备份,防止数据丢失。

本章主要介绍漏洞扫描系统高级应用实验,包括数据分析和系统管理。其中,数据分析包括漏洞扫描资产管理、漏洞扫描结果分析和漏洞扫描结果对比分析;系统管理包括漏洞扫描系统备份恢复、漏洞扫描结果备份、漏洞扫描系统规则库升级和漏洞扫描系统审计日志。

3.1 数据分析

3.1.1 漏洞扫描资产管理实验

【实验目的】

通过查看资产树信息,掌握漏洞扫描系统中全部资产的数量以及资产的安全情况。

【知识点】

资产树、资产管理。

【场景描述】

由于安全事件频发,A公司各安全域分别进行了多次漏洞扫描任务。安全运维人员小王需要整合各个安全域任务的执行情况,了解各安全域的资产情况,以便分析系统的安全性。请思考应如何解决这个问题。

【实验原理】

使用系统管理员账户登录漏洞扫描系统。在漏洞扫描系统的"安全域管理"→"资产树"模块中,显示系统中全部的资产信息。系统管理员可以通过查看资产树来了解资产情况,包括资产风险、漏洞详情和资产信息。资产风险描述了每个资产的漏洞数,具体到高危、中危、低危的风险;漏洞详情描述了每个漏洞的具体信息;资产信息描述了每个资产的主机信息。

【实验设备】

· 安全设备:漏洞扫描系统1台。

• CMS 服务器：weekpassword 服务器 1 台。

【实验拓扑】

漏洞扫描资产管理实验拓扑图见图 3-1。

图 3-1　漏洞扫描资产管理实验拓扑图

【实验思路】

(1) 使用网络配置管理员账户登录漏洞扫描系统。

(2) 新增漏洞扫描系统 IP 地址，该地址用于与 CMS 服务器通信。

(3) 使用系统管理员账户登录漏洞扫描系统，添加新的系统漏洞扫描任务。

(4) 系统扫描任务结束后，查看系统扫描安全域的资产详情。

【实验步骤】

1) 网络配置

(1) 在管理机中打开浏览器，在地址栏中输入漏洞扫描系统的 IP 地址"https://10.0.0.1"(以实际设备 IP 地址为准)，打开漏洞扫描系统登录界面。使用网络配置管理员用户名/密码"account/account"登录漏洞扫描系统。

(2) 登录漏洞扫描系统 Web 界面。

(3) 在漏洞扫描系统 Web 界面中，单击左侧的"网络接口"模块。

(4) 选择界面上方工具栏中的"IP 配置"，单击"新增"按钮，为漏洞扫描设备配置新的 IP 地址，该地址用于与 CMS 服务器通信，如图 3-2 所示。

图 3-2　IP 配置

(5) 输入本实验设定的"IP 地址"为"172.168.1.100"，输入"子网掩码"为"255.255.255.0"，单击"提交"按钮使配置生效。

(6) 新增 IP 地址成功。"IP 配置"界面将显示漏洞扫描系统新增的 IP 地址"172.168.1.100"，如图 3-3 所示。

2) 新建系统漏洞扫描任务

(1) 进入管理机，重新打开浏览器，在地址栏中输入漏洞扫描系统的 IP 地址"https://10.0.0.1"(以实际设备 IP 地址为准)，打开漏洞扫描系统登录界面。使用系统

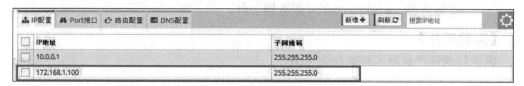

图 3-3　新增 IP 地址成功

管理员用户名/密码"admin/！1fw@2soc♯3vpn"登录漏洞扫描系统。

（2）登录漏洞扫描系统 Web 界面。

（3）在漏洞扫描系统 Web 界面中，单击面板左侧的"任务中心"→"新建任务"模块，在界面右侧选择"系统扫描"，如图 3-4 所示。

图 3-4　准备进行系统扫描

（4）开始新建系统漏洞扫描任务，单击界面上方的"扫描基本配置"模块，输入"扫描目标"为"172.168.1.108"，"任务名称"为"系统扫描-YXcms"，如图 3-5 所示。

（5）单击界面上方工具栏中的"自主选择插件"模块，可对扫描任务使用的插件进行修改，如图 3-6 所示。

（6）进入"自主选择插件"模块，单击某一插件前的"已启用"可禁用该插件，再次单击"已禁用"可重新启用该插件，实现插件库自定义。此处保持默认配置，即启用全部插件，如图 3-7 所示。

（7）单击界面上方的"探测选项"模块，可设置是否进行主机存活测试以及配置端口扫描方式及扫描范围。除默认配置外，可勾选"UDP PING"复选框，如图 3-8 所示。

（8）单击界面上方的"检测选项"模块，可对扫描任务的检测方式进行相应配置。此处保持默认配置，可根据实际需要进行修改，如图 3-9 所示。

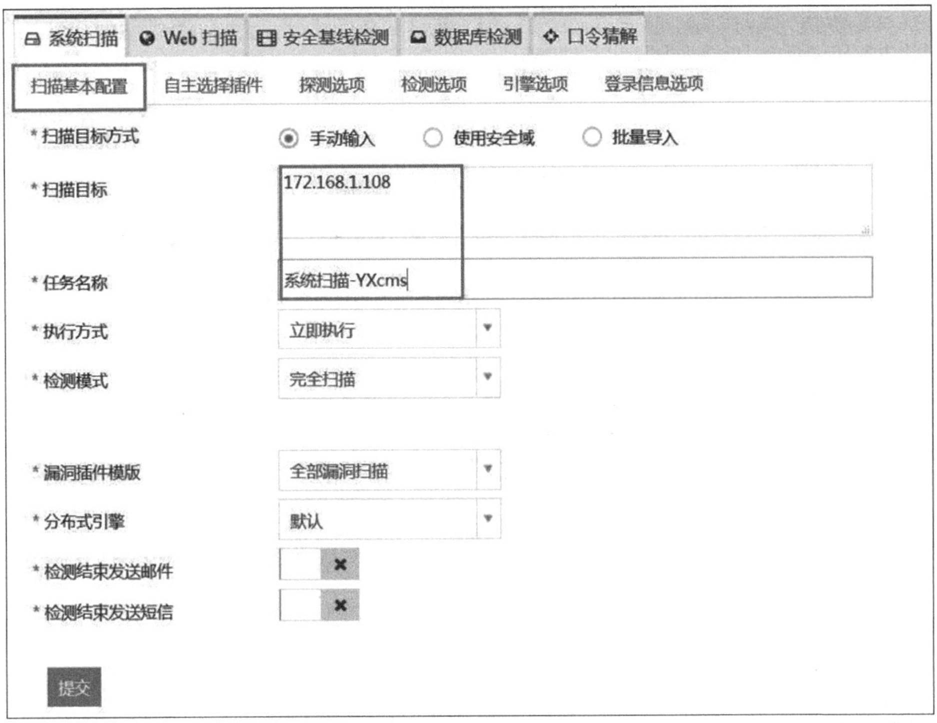

图 3-5　新建系统漏洞扫描任务

图 3-6　自主选择插件

图 3-7　修改自主选择插件栏中已启用的插件

图 3-8 "探测选项"配置 1

图 3-9 当前检测选项配置 1

（9）单击界面上方的"引擎选项"模块,可对扫描任务引擎进行相应配置。包括对"单个主机检测并发数""单个主机 TCP 连接数"和"单个扫描 TCP 连接数"等选项进行配置。此处保持默认配置,可根据实际需要进行修改,如图 3-10 所示。

（10）单击界面上方的"登录信息选项"模块,可根据扫描任务需要对扫描任务登录信息进行相应配置,包括"预设登录账号""数据库类型""微软 WSUS 账号"和"微软 WSUS密码"等信息。此处保持默认配置,可根据实际需要进行修改,如图 3-11 所示。

（11）所有配置完成之后,返回"扫描基本配置"模块,单击"提交"按钮,如图 3-12所示。

（12）提交后,在任务列表中,可以查看新添加的名称为"系统扫描-YXcms",如图 3-13 所示。

图 3-10　"引擎选项"配置 1

图 3-11　"登录信息选项"配置 1

（13）在任务列表中，可以对选中的任务进行编辑或删除，也可单击"刷新"按钮，更新扫描状态，如图 3-14 所示。

（14）系统扫描任务结束后，"任务列表"中显示扫描任务名称为"系统扫描-YXcms"的"开始时间""结束时间"和"进度"，如图 3-15 所示。

（15）系统扫描结束后，单击面板左侧导航栏中的"安全域管理"，显示系统中全部资产组成的资产树，包括此次系统扫描生成的资产"系统扫描-YXcms 安全域"，如图 3-16 所示。

【实验预期】

（1）通过执行系统漏洞扫描，自动生成系统扫描安全域。

（2）通过查看"安全域管理"模块，了解各个安全域及其资产情况，并查看资产风险、漏洞详情和资产详细信息。

图 3-12　提交系统扫描任务

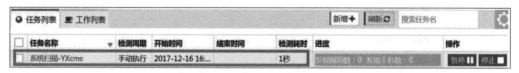

图 3-13　查看系统漏洞扫描任务

图 3-14　编辑任务

图 3-15　系统扫描任务结束

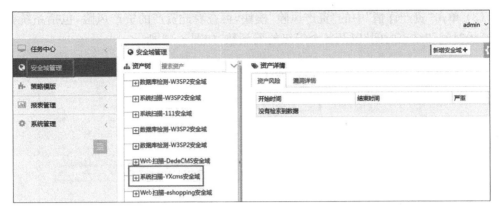

图 3-16　安全域管理

【实验结果】

（1）系统扫描结束后，单击面板左侧导航栏中的"安全域管理"，显示系统中全部资产组成的资产树，如图 3-17 所示。

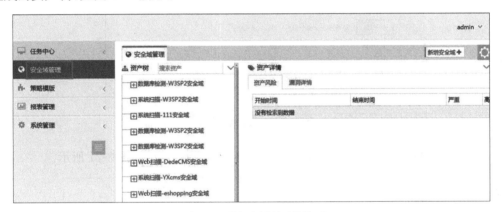

图 3-17　"安全域管理"界面

（2）选择界面右方"资产树"中的"系统扫描-YXcms 安全域"，单击安全域名称，将此安全域展开，再单击下方名称为"172.168.1.108"的资产，管理员可以通过界面右侧的"资产详情"模块了解资产的详细信息，如图 3-18 所示。

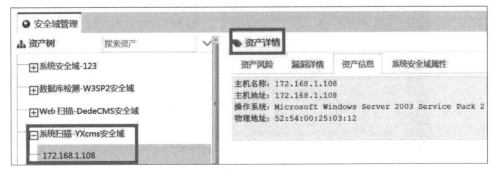

图 3-18　资产详情

（3）单击"资产详情"中的"资产风险"模块，可查看此资产的资产风险，包括系统扫描的"开始时间""结束时间"以及各个等级的漏洞数，如图 3-19 所示。

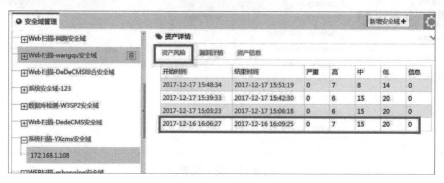

图 3-19　资产风险

（4）单击"资产风险"模块中"开始时间"为"2017-12-16 16：06：27"一栏，系统跳转到"漏洞详情"模块，如图 3-20 所示。

资产详情					
资产风险	漏洞详情　资产信息　系统安全域属性				
开始时间	结束时间		严重	高	中
2017-12-17 15:48:34	2017-12-17 15:51:19		0	7	8
2017-12-17 15:39:33	2017-12-17 15:42:30		0	6	15
2017-12-17 15:03:23	2017-12-17 15:06:18		0	6	15
2017-12-16 16:06:27	2017-12-16 16:09:25		0	7	15

图 3-20　选择检测时间

（5）在"漏洞详情"模块中，显示此次扫描得到的漏洞信息，如图 3-21 所示。

资产详情			
资产风险　漏洞详情　资产信息　系统安全域属性			
风险级别	插件名称	插件所属分类	总计
高风险	MySQL默认帐户凭据	数据库安全	1
高风险	MySQL 5.5.x <5.5.41 / 5.6.x <5.6.22多重漏洞（2015年1月CPU）	数据库安全	1
高风险	MS12-020：远程桌面中的漏洞可能允许远程执行代码（2671387...	Windows安全	1
高风险	MySQL 5.5.x <5.5.45 / 5.6.x <5.6.26多重漏洞	数据库安全	1
高风险	MS09-001：Microsoft Windows SMB漏洞远程执行代码（9586...	Windows安全	1
高风险	MS08-067：Microsoft Windows Server服务制造RPC请求处理...	Windows安全	1
高风险	Microsoft Windows管理员默认密码检测（W32 / Deloder蠕虫...	Windows安全	1
中风险	终端服务加密级别中等或低	其他	1
中风险	需要SMB签名	其他	1
中风险	OpenSSL 0.9.8 <0.9.8zg多个漏洞	Web安全	1
中风险	OpenSSL 0.9.8 <0.9.8zf多个漏洞	Web安全	1
中风险	OpenSSL 0.9.8 <0.9.8zd多重漏洞（FREAK）	Web安全	1
中风险	OpenSSL 0.9.8 <0.9.8zc多重漏洞（POODLE）	Web安全	1
中风险	MySQL 5.5.x <5.5.44 / 5.6.x <5.6.25多重漏洞（2015年7月CPU）	数据库安全	1
中风险	MySQL 5.5.x <5.5.43 / 5.6.x <5.6.24多重DoS漏洞（2015年4月...	数据库安全	1
中风险	MySQL 5.5.x <5.5.42 / 5.6.x <5.6.23多重DoS漏洞（2015年4月...	数据库安全	1
中风险	MySQL 5.1.x <5.7.3 SSL / TLS降级MitM（BACKRONYM）	数据库安全	1

图 3-21　资产漏洞详情

（6）单击"资产详情"中的"资产信息"模块，可查看此次系统扫描的主机名称以及主机的 IP 地址，如图 3-22 所示。

图 3-22　资产信息

（7）单击"资产详情"中的"系统安全域属性"模块，可更改"安全域名称"和"扫描 IP/域名"。单击"提交"按钮即可保存系统安全域属性更改，如图 3-23 所示。

图 3-23　系统安全域属性

【实验思考】

资产风险、漏洞详情和资产信息的具体内容是什么？

3.1.2　漏洞扫描结果分析实验

【实验目的】

通过执行 Web 漏洞扫描，查看漏洞扫描任务的扫描结果，并对扫描结果进行分析，按照指定安全域和时间导出扫描结果报表。

【知识点】

漏洞扫描、日志分析、风险等级。

【场景描述】

由于安全事件频发，A 公司漏洞扫描系统执行了多次漏洞扫描任务，产生了大量的漏洞扫描日志。安全运维人员小王提出组建一个统一的日志查询分析平台，通过此平台，安全运维人员可以快速检索与分析日志，快速定位问题，提高运维的效率与质量。请思考应如何解决这个问题。

【实验原理】

使用报表管理员账户登录漏洞扫描系统。在漏洞扫描系统的"日志分析"→"在线查询"模块中,可以查看所有任务的扫描结果,包括扫描漏洞的详细信息和解决办法,同时可以根据需求只查询某个风险等级的漏洞。在"日志分析"→"导出报表"模块中可按照资产组和时间导出扫描报表,报表分为详细报告和统计报表,导出文件格式分为 HTML、Word 和 Excel。

【实验设备】
- 安全设备:漏洞扫描系统 1 台。
- CMS 服务器:Dede CMS 服务器 1 台。

【实验拓扑】
漏洞扫描结果分析实验拓扑图见图 3-24。

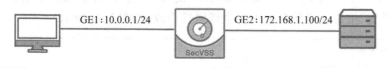

图 3-24 漏洞扫描结果分析实验拓扑图

【实验思路】
(1) 使用网络配置管理员账户登录漏洞扫描系统。
(2) 新增漏洞扫描系统 IP 地址,该地址用于与 CMS 服务器通信。
(3) 使用系统管理员账户登录漏洞扫描系统,添加新的 Web 漏洞扫描任务。
(4) Web 扫描任务结束后,使用报表管理员账户登录漏洞扫描系统。
(5) 在"在线查询"模块中,查看 Web 扫描任务的扫描结果及其漏洞信息。
(6) 在"导出报表"模块中,将 Web 扫描安全域的扫描结果导出为不同形式的报表,包括详细报表和统计报表。

【实验步骤】
1) 网络配置
(1) 在管理机中打开浏览器,在地址栏中输入漏洞扫描系统的 IP 地址"https://10.0.0.1"(以实际设备 IP 地址为准),打开漏洞扫描系统登录界面。使用网络配置管理员用户名/密码"account/account"登录漏洞扫描系统。
(2) 登录漏洞扫描系统 Web 界面。
(3) 在漏洞扫描系统 Web 界面中,单击左侧的"网络接口"模块。
(4) 选择界面上方工具栏中的"IP 配置",单击"新增"按钮,为漏洞扫描设备设置新的 IP 地址,该地址用于与 CMS 服务器通信使用。
(5) 输入本实验设定的"IP 地址"为"172.168.1.100",输入"子网掩码"为"255.255.255.0",单击"提交"按钮,使配置生效。
(6) 新增 IP 地址成功。"IP 配置"界面将显示漏洞扫描系统新增的 IP 地址"172.168.1.100"。

2）新建 Web 漏洞扫描任务

（1）进入管理机，重新打开浏览器，在地址栏中输入漏洞扫描系统的 IP 地址"https：//10.0.0.1"（以实际设备 IP 地址为准），打开漏洞扫描系统登录界面。使用系统管理员用户名/密码"admin/！1fw@2soc♯3vpn"登录漏洞扫描系统。

（2）登录漏洞扫描系统 Web 界面。

（3）在漏洞扫描系统 Web 界面中，单击左侧的"任务中心"→"新建任务"模块，在界面右侧选择"Web 扫描"模块，如图 3-25 所示。

图 3-25　Web 扫描设置

（4）开始新建 Web 漏洞扫描任务，单击界面上方的"扫描基本配置"模块，输入"扫描目标"为"http：//172.168.1.104/"，"任务名称"为"Web 扫描-DedeCMS"，如图 3-26 所示。

图 3-26　新建 Web 扫描任务

（5）单击界面上方的"自主选择插件"模块，单击某一插件前的"已启用"可禁用该插件，单击"已禁用"可重新启用该插件，实现插件库自定义。此处保持默认配置，即启用全部插件，如图 3-27 所示。

图 3-27　自主选择插件启用

（6）单击界面上方的"引擎配置"模块，可根据实际扫描需要对"并发线程数""区分大小写""最大类似页面数""同目录下最大页面数""重试次数""超时时间（秒）"及"代理类型"进行相应的设置，提高扫描效率和扫描质量。此处保持默认配置，可根据实际需要进行修改，如图 3-28 所示。

图 3-28　引擎配置 2

（7）单击界面上方的"检测选项"模块，可对扫描任务的检测方式进行相应配置，包括"检测深度""爬虫策略""HTTP 请求头"等选项配置。此处保持默认配置，可根据实际需要进行修改，如图 3-29 所示。

图 3-29　"检测选项"配置 2

（8）所有配置完成之后，返回"扫描基本配置"模块，单击"提交"按钮，如图 3-30 所示。

图 3-30　提交 Web 扫描任务 2

（9）提交后，在任务列表中，可以查看新添加的名称为"Web 扫描-DedeCMS"的 Web 漏洞扫描任务，如图 3-31 所示。

（10）在任务列表中，可以对选中的任务进行编辑或删除，也可单击"刷新"按钮，更新扫描状态，如图 3-32 所示。

（11）Web 扫描任务结束。"任务列表"中显示任务名称为"Web 扫描-DedeCMS"的

图 3-31　查看 Web 漏洞扫描任务

图 3-32　编辑任务

"开始时间""结束时间"以及"进度",如图 3-33 所示。

图 3-33　Web 扫描任务结束

【实验预期】

(1) 通过执行 Web 漏洞扫描任务,生成扫描结果。

(2) 报表管理员在漏洞扫描系统中,可通过"日志分析"的"在线查询"模块查询指定任务、资产或安全域的扫描结果。

(3) 报表管理员在漏洞扫描系统中,可通过"日志分析"的"导出报表"模块将指定安全域的扫描结果导出到本地主机。

【实验结果】

1) Web 漏洞扫描结果分析

(1) 在管理机中打开浏览器,在地址栏中输入漏洞扫描系统的 IP 地址"https://10.0.0.1"(以实际设备 IP 地址为准),打开漏洞扫描系统登录界面。使用报表管理员用户名/密码"report/report"登录漏洞扫描系统。

(2) 登录漏洞扫描系统 Web 界面,如图 3-34 所示。

(3) 单击界面左侧导航栏中的"日志分析",再单击下方展开栏中的"在线查询",在"在线查询"模块中,可以查看所有任务、资产或者安全域的扫描结果,可以输入"任务名称"搜索某项任务的扫描结果或者输入"漏洞名称"搜索漏洞。选择界面上方工具栏中的"Web 漏洞"查看 Web 扫描结果,如图 3-35 所示。

(4) 单击"查询类型"下拉菜单,选择"任务"选项,单击"任务名称"为"Web 扫描-DedeCMS"的扫描任务,选择"检测时间段",界面右侧显示此次 Web 扫描任务的扫描结果,如图 3-36 所示。

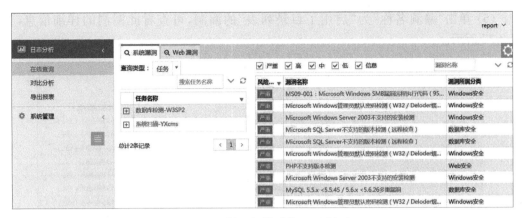

图 3-34　漏洞扫描系统 Web 界面

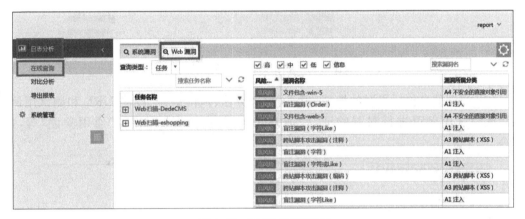

图 3-35　"在线查询"界面

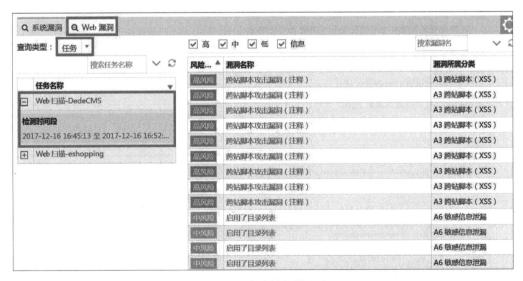

图 3-36　安全域扫描日志

（5）单击"漏洞名称"为"启用了目录列表"的漏洞，可查看此漏洞的详细信息，如图 3-37 所示。

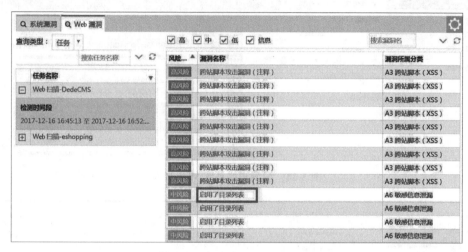

图 3-37　扫描得到的漏洞信息

（6）漏洞信息包括漏洞的概要、危害、解决方法、风险级别、漏洞 URL 和测试用例。利用此测试用例可进行漏洞验证，验证方式包括"浏览器验证"和"通用验证"等，如图 3-38 所示。

图 3-38　漏洞详细信息

2）导出报表

（1）返回漏洞扫描系统主界面，单击面板左侧导航栏中的"日志分析"→"导出报表"，可将 Web 扫描结果下载到本地主机，如图 3-39 所示。

图 3-39　"导出报表"界面

（2）"选择导出对象"选中"Web 扫描安全域"单选按钮，"指定安全域"设置为"Web 扫描-DedeCMS 安全域"，"导出格式"可选择 HTML、Word、PDF、Excel 和 XML。"导出方式"可设置为详细报表和统计报表，如图 3-40 所示。

图 3-40　输出报表

（3）以 HTML 为例，"导出格式"选中"HTML"单选按钮，单击"导出"按钮，即可将扫描结果保存到本地主机，如图 3-41 所示。

（4）下载到本地主机的报表共分为两部分，即全部网站统计报表和此次扫描的详细报表。

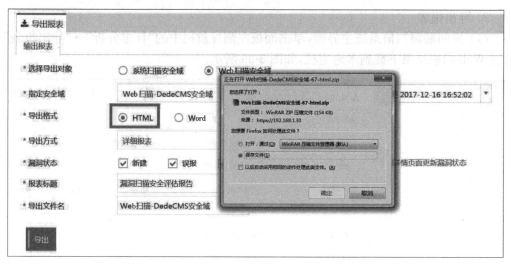

图 3-41　下载报表

（5）全部网站统计报表包括综述、资产漏洞排名、漏洞类别分布和"参考标准"等信息，如图 3-42 所示。

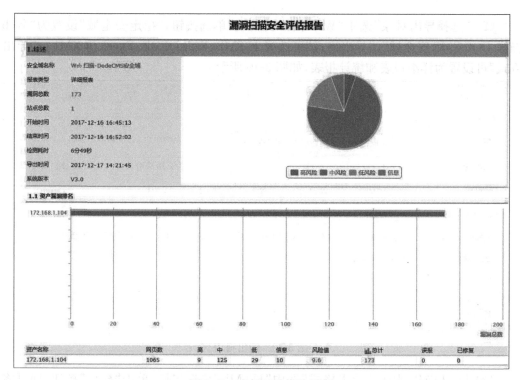

图 3-42　全部网站统计报表

（6）详细报表包括此次扫描网站中存在的漏洞的详细信息，如漏洞概要、漏洞 URL、解决方法以及测试用例等信息，如图 3-43 所示。

图 3-43　查看详细报表

【实验思考】

通过查看漏洞扫描结果，如何快速发现目标是否存在某种漏洞？

3.1.3　漏洞扫描结果对比分析实验

【实验目的】

对比分析同一任务的两次扫描结果，统计出两次扫描中漏洞的数量变化以及变化趋势。

【知识点】

资产、漏洞扫描、结果对比分析。

【场景描述】

由于安全事件频发，A 公司漏洞扫描系统进行了多次漏洞扫描任务，同一扫描任务在不同时间也执行了多次，产生了大量的漏洞扫描日志。安全运维人员小王想要对同一任务的多次扫描结果中的任意两次进行对比，从而统计出新增和减少的漏洞以及漏洞变化趋势，通过分析这些变化量，定位安全问题，提高运维的效率与质量。请思考应如何解决这个问题。

【实验原理】

使用报表管理员账户登录漏洞扫描系统。在漏洞扫描系统的"日志分析"→"对比分析"模块中,系统管理员可以选择某个资产,并从此资产的多次扫描结果中任选两次进行对比分析,统计出新增和减少的漏洞以及漏洞变化趋势等。

【实验设备】

- 安全设备:漏洞扫描系统 1 台。
- CMS 服务器:weekpassword 服务器 1 台。

【实验拓扑】

漏洞扫描结果对比分析实验拓扑图见图 3-44。

图 3-44 漏洞扫描结果对比分析实验拓扑图

【实验思路】

(1) 使用网络配置管理员账户登录漏洞扫描系统。

(2) 新增漏洞扫描系统 IP 地址,该地址用于与 CMS 服务器通信。

(3) 使用系统管理员账户登录漏洞扫描系统,添加新的系统漏洞扫描任务。

(4) 再次执行同一系统漏洞扫描任务。

(5) 两次系统扫描任务结束后,使用报表管理员账户登录漏洞扫描系统。

(6) 在"对比分析"模块中,统计两次扫描中漏洞的数量变化以及变化趋势。

【实验步骤】

1) 网络配置

(1) 在管理机中打开浏览器,在地址栏中输入漏洞扫描系统的 IP 地址"https://10.0.0.1"(以实际设备 IP 地址为准),打开漏洞扫描系统登录界面。使用网络配置管理员用户名/密码"account/account"登录漏洞扫描系统。

(2) 登录漏洞扫描系统 Web 界面。

(3) 在漏洞扫描系统 Web 界面中,单击左侧的"网络接口"模块。

(4) 选择界面上方工具栏中的"IP 配置",单击"新增"按钮,为漏洞扫描设备配置新的 IP 地址,该地址用于与 CMS 服务器通信。

(5) 输入本实验设定的"IP 地址"为"172.168.1.100",输入"子网掩码"为"255.255.255.0",单击"提交"按钮,使配置生效。

(6) 新增 IP 地址成功。"IP 配置"界面将显示漏洞扫描系统新增的 IP 地址"172.168.1.100"。

2) 新建系统漏洞扫描任务

(1) 进入管理机,重新打开浏览器,在地址栏中输入漏洞扫描系统的 IP 地 址

"https：//10.0.0.1"（以实际设备 IP 地址为准），打开漏洞扫描系统登录界面。使用系统管理员用户名/密码"admin/！1fw@2soc♯3vpn"登录漏洞扫描系统。

（2）登录漏洞扫描系统 Web 界面。

（3）在漏洞扫描系统 Web 界面中，单击面板左侧的"任务中心"→"新建任务"模块，在界面右侧单击"系统扫描"模块，如图 3-45 所示。

图 3-45　系统扫描

（4）开始新建系统漏洞扫描任务，单击界面上方的"扫描基本配置"模块，输入"扫描目标"为"172.168.1.108"，"任务名称"为"系统扫描-YXcms"，如图 3-46 所示。

图 3-46　新建系统漏洞扫描任务

（5）单击界面上方工具栏中的"自主选择插件"模块，可对扫描任务使用的插件进行修改，如图 3-47 所示。

图 3-47　自主选择插件 3

（6）进入"自主选择插件"模块，单击某一插件前的"已启用"可禁用该插件，单击"已禁用"可重新启用该插件，实现插件库自定义。此处保持默认配置，即启用全部插件，如图3-48 所示。

图 3-48　修改插件 3

（7）单击界面上方的"探测选项"模块，可设置是否进行主机存活测试以及配置端口扫描方式及扫描范围。除默认配置外，可勾选"UDP PING"复选框，如图 3-49 所示。

图 3-49　"探测选项"配置 3

（8）单击界面上方的"检测选项"模块，可对扫描任务的检测方式进行相应配置。此处保持默认配置，可根据实际需要进行修改，如图 3-50 所示。

图 3-50　"检测选项"配置 3

（9）单击界面上方的"引擎选项"模块，可对扫描任务引擎进行相应配置。包括对"单个主机检测并发数""单个主机 TCP 连接数""单个扫描 TCP 连接数"等选项进行配置。此处保持默认配置，可根据实际需要进行修改，如图 3-51 所示。

图 3-51　"引擎选项"配置 3

（10）单击界面上方的"登录信息选项"模块，可根据扫描任务需要对扫描任务登录信息进行相应配置，包括"预设登录账号""数据库类型""微软 WSUS 账号"和"微软 WSUS 密码"等信息。此处保持默认配置，可根据实际需要进行修改，如图 3-52 所示。

（11）所有配置完成之后，返回"扫描基本配置"模块，单击"提交"按钮，如图 3-53 所示。

图 3-52　"登录信息选项"配置 3

图 3-53　提交系统扫描任务 3

（12）提交后，在任务列表中，可以查看新添加的名称为"系统扫描-YXcms"的系统漏洞扫描任务，如图 3-54 所示。

（13）在任务列表中，可以对选中的任务进行编辑或删除，也可单击"刷新"按钮，更新扫描状态，如图 3-55 所示。

图 3-54　查看系统漏洞扫描任务

图 3-55　编辑/删除/刷新任务

（14）系统扫描任务结束，"任务列表"中显示扫描任务名称为"系统扫描-YXcms"的"开始时间""结束时间"以及"进度"，如图 3-56 所示。

图 3-56　系统扫描任务结束

（15）再次执行系统扫描任务，首先对系统扫描任务进行编辑。勾选名称为"系统扫描-YXcms"的扫描任务，单击界面上方工具栏中的"编辑"按钮，如图 3-57 所示。

图 3-57　编辑系统扫描任务

（16）单击"自主选择插件"模块，通过单击插件前方的"已启用"禁用该插件，实现插件库自定义，如 3-58 所示。

（17）单击"类别名称"为"Web 安全"的系统插件前方的"已启用"，禁用此插件，再次执行系统漏洞扫描任务时，漏洞扫描系统将不再使用此插件，如图 3-59 所示。

（18）单击"系统扫描"下方的"扫描基本配置"模块，单击"提交"按钮，保存此次配置，如图 3-60 所示。

（19）返回"任务中心"→"任务列表"界面，重新执行该系统扫描任务，如图 3-61 所示。

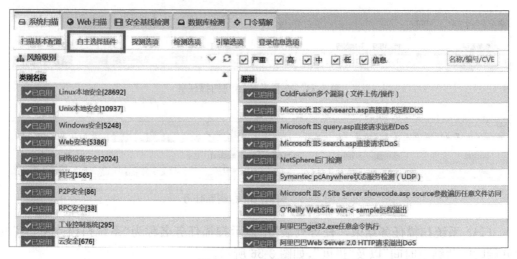

图 3-58　重新选择插件

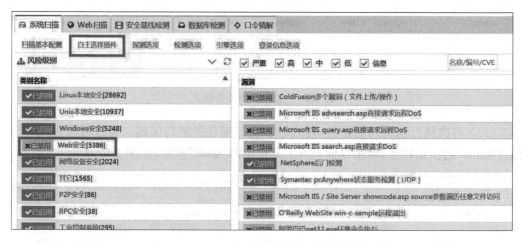

图 3-59　禁用部分插件

（20）勾选名称为"系统扫描-YXcms"的扫描任务，单击"操作"中的"立即执行"，再次执行该系统扫描任务，如图 3-62 所示。

（21）系统扫描任务结束后，"任务列表"中显示扫描任务名称为"系统扫描-YXcms"的"开始时间""结束时间"以及"进度"，如图 3-63 所示。

【实验预期】

报表管理员通过"日志分析"的"对比分析"模块选择某个资产，从此资产的多次扫描任务中任选两次进行对比分析，并统计新增漏洞、减少漏洞以及漏洞变化趋势等信息。

【实验结果】

（1）在管理机中打开浏览器，在地址栏中输入漏洞扫描系统的 IP 地址"https：//10.0.0.1"（以实际设备 IP 地址为准），打开漏洞扫描系统登录界面。使用报表管理员用户

图 3-60　再次提交系统扫描任务

图 3-61　任务列表

图 3-62　再次执行扫描任务

名/密码"report/report"登录漏洞扫描系统。

图 3-63　执行扫描任务结束

（2）登录漏洞扫描系统 Web 界面，如图 3-64 所示。

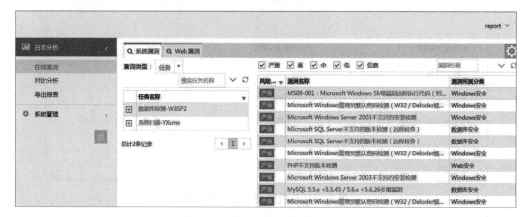

图 3-64　漏洞扫描系统 Web 界面

（3）单击界面左侧导航栏中的"日志分析"，再单击下方展开栏中的"对比分析"，选择界面右方的"系统漏洞"对比分析模块，如图 3-65 所示。

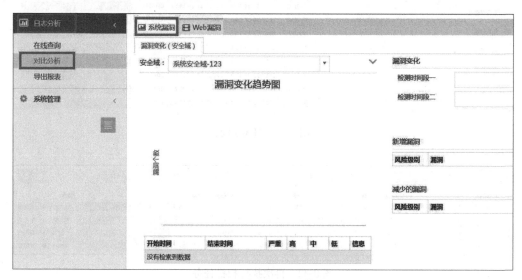

图 3-65　"系统漏洞"模块

（4）单击"安全域"的下拉菜单，选择名称为"系统扫描-YXcms"的安全域，如图 3-66所示。

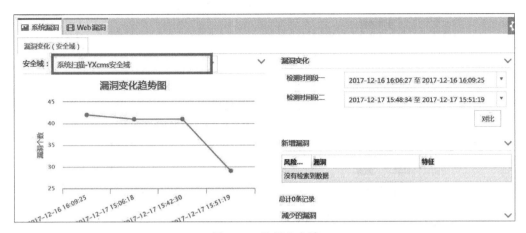

图 3-66　选择安全域

（5）在"**系统漏洞**"界面右侧"漏洞变化"模块中选择此安全域的两次检测时间段，单击"对比"按钮，如图 3-67 所示。

图 3-67　选择两次扫描结束时间

（6）系统自动将对比分析结果进行展示，包括漏洞变化趋势图、新增漏洞和减少的漏洞，如图 3-68～图 3-70 所示。

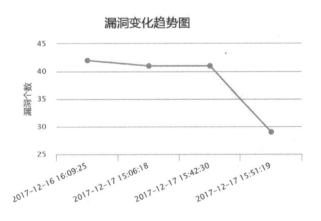

图 3-68　漏洞变化趋势图

【实验思考】
是否可以对比分析两个不同安全域的漏洞扫描结果？

新增漏洞

风险...	漏洞	特征
没有检索到数据		

总计0条记录

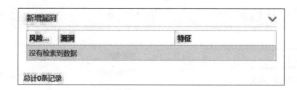

图 3-69　新增漏洞

减少的漏洞

风险...	漏洞	特征
中风险	OpenSSL 0.9.8 <0.9.8zf多个漏洞	服务:www 端口:80 协议:tcp
中风险	Apache 2.4.x <2.4.16多重漏洞	服务:www 端口:80 协议:tcp
中风险	OpenSSL 0.9.8 <0.9.8zg多个漏洞	服务:www 端口:80 协议:tcp
中风险	允许使用HTTP TRACE / TRACK方...	服务:www 端口:80 协议:tcp
中风险	Apache 2.4.x <2.4.12多个漏洞	服务:www 端口:80 协议:tcp
中风险	OpenSSL 0.9.8 <0.9.8zd多重漏洞...	服务:www 端口:80 协议:tcp
中风险	OpenSSL 0.9.8 <0.9.8zc多重漏洞...	服务:www 端口:80 协议:tcp
低风险	超文本传输协议（HTTP）信息	服务:www 端口:80 协议:tcp
低风险	OpenSSL版本检测	服务:www 端口:80 协议:tcp
低风险	Web服务器无404错误代码检查	服务:www 端口:80 协议:tcp
低风险	HTTP服务器类型和版本	服务:www 端口:80 协议:tcp
低风险	Web服务器robots.txt信息披露	服务:www 端口:80 协议:tcp
低风险	PHP版本	服务:www 端口:80 协议:tcp

总计13条记录

图 3-70　减少的漏洞

3.2　系统管理

3.2.1　漏洞扫描系统备份恢复实验

【实验目的】

备份漏洞扫描系统数据，包括用户信息、扫描任务以及安全域，并将扫描结果导出。导入备份文件并恢复系统有关数据。

【知识点】

系统备份、备份恢复。

【场景描述】

A公司一年前采购了漏洞扫描设备，设备运行了一年，积累了比较多的数据，如用户信息、扫描任务、安全域信息等。近日，安全运维工程师小王对设备的配置进行调整，发现影响到了业务，小王想快速回退到调整前的状态。请思考应如何操作。

【实验原理】

使用系统管理员账户登录漏洞扫描系统。在漏洞扫描系统的"系统管理"→"备份恢复"模块中,可以对设备内的用户信息、扫描任务以及安全域信息进行备份。建议用户定期对系统进行备份,以供将来恢复系统数据时使用。在设备受到严重损坏时,备份的数据还可以导入另外一台设备中,并进行备份恢复,增加了系统的可靠性。

【实验设备】

- 安全设备:漏洞扫描系统 1 台。
- CMS 服务器:DedeCMS 服务器 1 台。

【实验拓扑】

漏洞扫描系统备份恢复实验拓扑图见图 3-71。

图 3-71　漏洞扫描系统备份恢复实验拓扑图

【实验思路】

(1) 使用网络配置管理员账户登录漏洞扫描系统,新增漏洞扫描系统 IP 地址,该地址用于与 CMS 服务器通信。

(2) 使用系统管理员账户登录漏洞扫描系统。

(3) 对系统中的用户信息、扫描任务以及安全域等数据进行备份。

(4) 导出备份数据。

(5) 导入备份数据,恢复系统至某个时刻的状态。

【实验步骤】

1) 网络配置

(1) 在管理机中打开浏览器,在地址栏中输入漏洞扫描系统的 IP 地址"https://10. 0.0.1"(以实际设备 IP 地址为准),打开漏洞扫描系统登录界面。使用网络配置管理员用户名/密码"account/account"登录漏洞扫描系统。

(2) 登录漏洞扫描系统 Web 界面。

(3) 在漏洞扫描系统 Web 界面中,单击左侧的"系统管理"下的"网络接口"模块。

(4) 选择界面上方工具栏中的"IP 配置",单击"新增"按钮,为漏洞扫描设备配置新的 IP 地址,该地址用于与 CMS 服务器通信。

(5) 输入本实验设定的"IP 地址"为"172.168.1.100",输入"子网掩码"为"255.255. 255.0",单击"提交"按钮,使配置生效。

(6) 新增 IP 地址成功。"IP 配置"界面将显示漏洞扫描系统新增的 IP 地址"172. 168.1.100"。

2）系统备份及恢复

（1）在管理机中打开浏览器，在地址栏中输入漏洞扫描系统的 IP 地址"https://10. 0.0.1"（以实际设备 IP 地址为准），打开漏洞扫描系统登录界面。使用系统管理员用户名/密码"admin/!1fw@2soc#3vpn"登录漏洞扫描系统。

（2）登录漏洞扫描系统 Web 界面。

（3）单击界面左侧导航栏中的"系统管理"，再单击下方展开栏中的"备份恢复"，如图 3-72 所示。

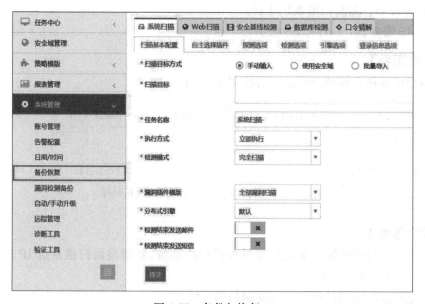

图 3-72　备份与恢复 1

（4）单击界面右上角工具栏中的"备份"按钮，进行系统备份，如图 3-73 所示。

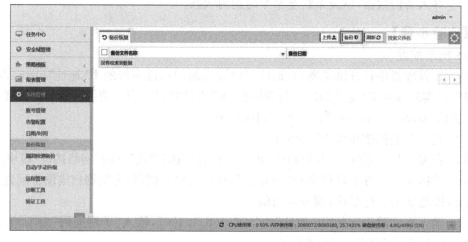

图 3-73　系统备份 1

（5）备份成功后，会在下方备份历史中显示备份文件名称及备份日期。此示例中备份时间为 2018 年 1 月 18 日 16 时 15 分 35 秒，备份文件名称为 bakup-20180118161535.bak，具体以实际的时间和名称为准，如图 3-74 所示。

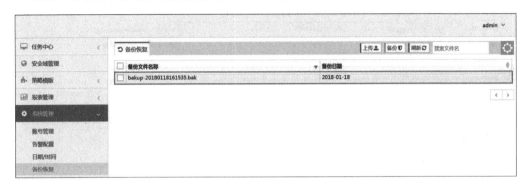

图 3-74　备份数据 1

（6）单击界面左侧的"任务中心"→"新建任务"模块，在界面右侧选择"Web 扫描"，如图 3-75 所示。

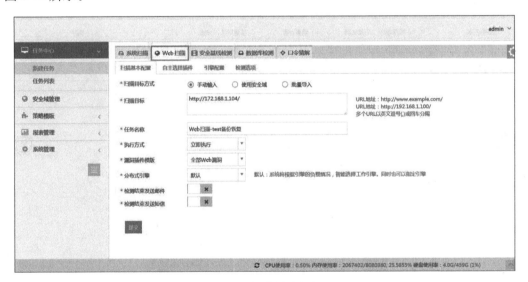

图 3-75　新建测试任务 1

（7）开始新建 Web 漏洞扫描任务，单击界面上方的"扫描基本配置"模块，输入"扫描目标"为"http://172.168.1.104/"，"任务名称"为"Web 扫描-test 备份恢复"。所有配置完成之后，返回"扫描基本配置"模块，单击"提交"按钮，如图 3-76 所示。

（8）任务成功提交后，任务列表中出现"Web 扫描-模拟攻击"任务，如图 3-77 所示。

（9）注销登录，使用账号管理员用户名/密码"account/account"重新登录漏洞扫描系统，如图 3-78 所示。

（10）在漏洞扫描系统 Web 界面中，单击左侧的"系统管理"→"账号管理"模块，在界

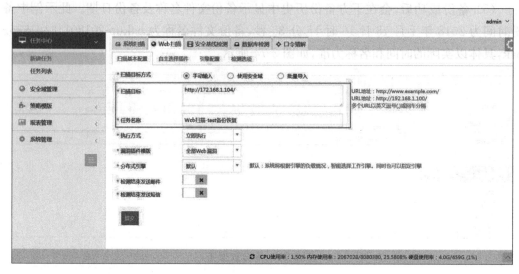

图 3-76　提交测试任务 1

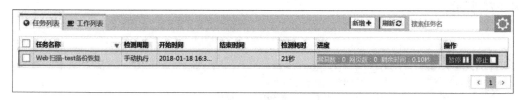

图 3-77　扫描任务提交成功 1

图 3-78　管理员账号 account 登录漏洞扫描

面右侧选择"用户管理",如图 3-79 所示。

（11）单击界面右上角工具栏中的"新增"按钮,增加测试用户,如图 3-80 所示。

（12）输入"用户名称"为"test 备份恢复",单击"提交"按钮,如图 3-81 所示。

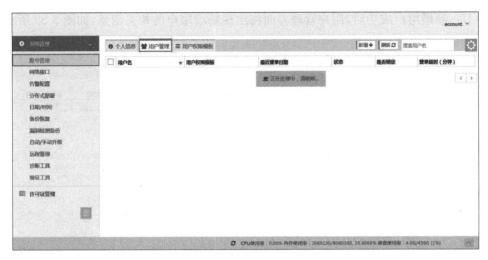

图 3-79　用户管理 1

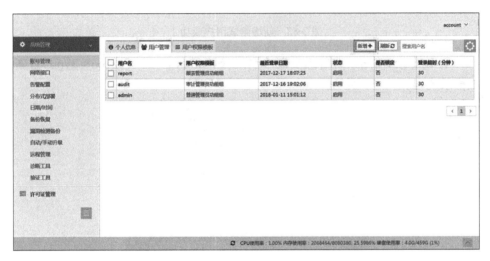

图 3-80　新增测试用户 1

图 3-81　新增测试用户 1

（13）新增用户成功后，用户管理界面将出现新增用户的相关信息，如图 3-82 所示。

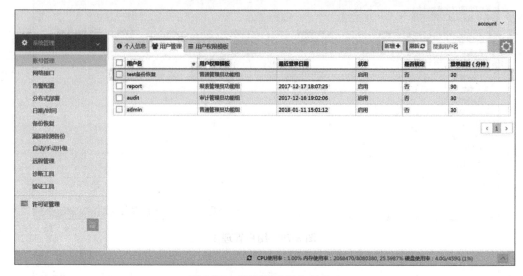

图 3-82　新增测试用户成功 1

（14）注销登录，使用系统管理员用户名/密码"admin/！1fw@2soc♯3vpn"重新登录漏洞扫描系统，如图 3-83 所示。

图 3-83　管理员 admin 登录系统

（15）在漏洞扫描系统 Web 界面中，单击面板左侧导航栏中的"系统管理"，再单击下方展开栏中的"备份恢复"，如图 3-84 所示。

（16）选中备份文件，右上角工具栏会增加"下载""恢复"和"删除"三个功能，如图 3-85 所示。

（17）选中任一备份文件，单击界面右上角工具栏中的"恢复"按钮，可将系统恢复到此备份文件的备份时刻状态。此示例中选中备份文件 bakup-20180118161535.bak，系统将恢复状态为 2018 年 1 月 18 日 16 时 15 分 35 秒，具体以实际的时间和名称为准，如图3-86 所示。

图 3-84　备份与恢复 2

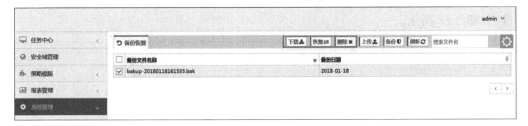

图 3-85　下载/恢复/删除备份数据 2

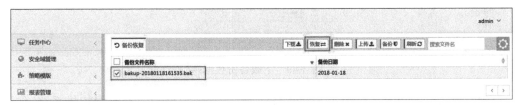

图 3-86　备份文件 2

（18）单击 OK 按钮，继续备份恢复，如图 3-87 所示。

图 3-87　继续备份文件

（19）备份恢复成功后，系统将强制重新登录，使用系统管理员用户名/密码"admin/！1fw@2soc♯3vpn"重新登录漏洞扫描系统，如图3-88所示。

图 3-88　重新登录

（20）选中任一备份文件，单击右上角工具栏中的"下载"按钮，可将备份数据导出到本地设备的任一目录下，以便在其他设备上恢复系统。此示例中选中备份文件为 bakup-20180118161535.bak，将备份文件保存在本地计算机桌面上，具体以实际的时间和名称为准，如图3-89所示。

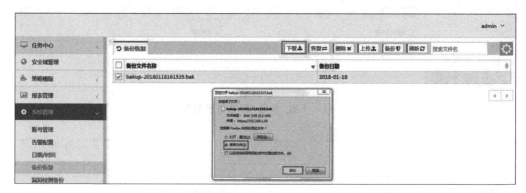

图 3-89　下载备份数据

（21）单击右上角工具栏中的"上传"按钮，可将备份数据导入到漏洞扫描系统，如图3-90所示。

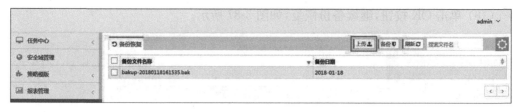

图 3-90　上传备份数据

（22）本示例中,上传保存在本地计算机桌面的备份文件 bakup-20180118161535. bak,具体以实际的时间和名称为准,如图 3-91 所示。

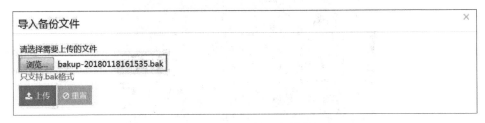

图 3-91　选择上传的备份数据

（23）选中任一文件,单击界面右上角工具栏中的"删除"按钮,即可删除备份文件。此示例中选中备份文件为 bakup-20180118161535. bak,具体以实际的时间和名称为准,如图 3-92 所示。

图 3-92　删除备份文件

（24）单击 OK 按钮,继续删除备份文件,如图 3-93 所示。

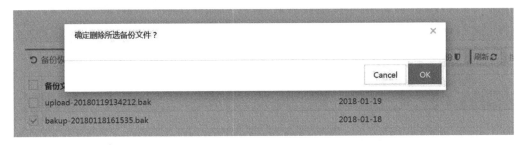

图 3-93　继续删除备份文件

【实验预期】

（1）系统管理员在漏洞扫描系统中,可通过"系统管理"中的"备份恢复"模块对漏洞扫描系统进行备份并将备份数据导出至本地计算机。

（2）系统管理员在漏洞扫描系统中,可通过"系统管理"中的"备份恢复"模块将备份数据导入至系统并进行系统恢复。

【实验结果】

（1）备份文件下载成功后,会保存至本地计算机中。此示例中,备份文件保存至本地计算机桌面,如图 3-94 所示。

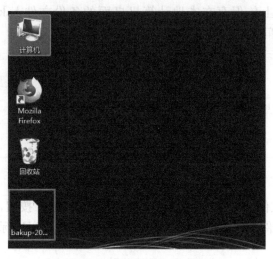

图 3-94　备份文件下载成功

（2）在管理机中打开浏览器，在地址栏中输入漏洞扫描系统的 IP 地址"https：//10. 0.0.1"（以实际设备 IP 地址为准），打开漏洞扫描系统登录界面。使用系统管理员用户名/密码"admin/！1fw@2soc＃3vpn"登录漏洞扫描系统。

（3）在漏洞扫描系统 Web 界面中，单击面板左侧导航栏中的"系统管理"，再单击下方展开栏中的"备份恢复"，如图 3-95 所示。

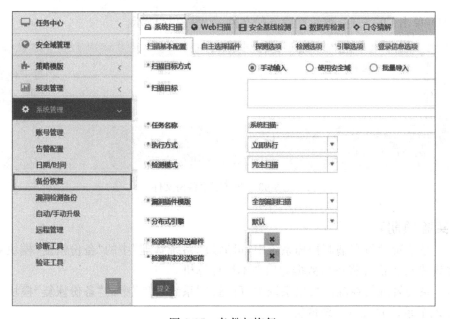

图 3-95　备份与恢复

（4）备份文件上传成功后，会在下方备份历史中显示上传文件名称及备份日期，上传的备份文件名称以"upload-"开头，如图 3-96 所示。

（5）备份文件删除成功后，备份恢复模块中将不再出现此备份文件。此示例中删除了

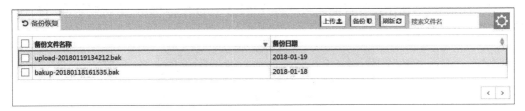

图 3-96　备份文件上传成功

备份文件 bakup-20180118161535.bak，具体以实际的时间和名称为准，如图 3-97 所示。

图 3-97　备份文件删除成功

（6）单击界面左侧的"任务中心"→"任务列表"模块，如图 3-98 所示。

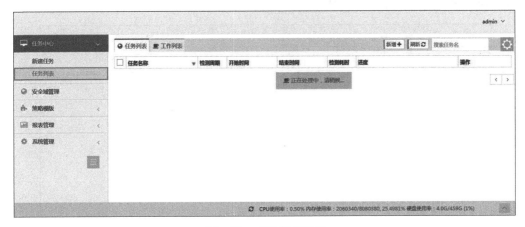

图 3-98　查看任务列表

（7）备份文件恢复成功后，"Web 扫描-test 备份恢复"任务不存在，如图 3-99 所示。

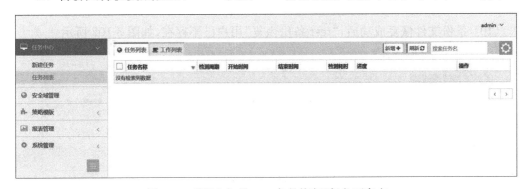

图 3-99　"Web 扫描-test 备份恢复"任务不存在

（8）注销登录，使用账号管理员用户名/密码"account/account"重新登录漏洞扫描系统，如图3-100所示。

图 3-100　管理员账号 account 登录漏洞扫描系统

（9）在漏洞扫描系统 Web 界面中，单击左侧的"系统管理"→"账号管理"模块，在界面右侧单击"用户管理"模块，如图3-101所示。

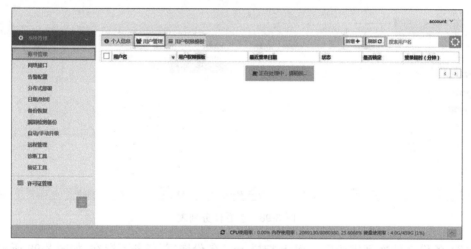

图 3-101　用户管理 3

（10）备份文件恢复成功后，"test 备份恢复"用户已不存在，如图3-102所示。

图 3-102　"test 备份恢复"用户已不存在

【实验思考】

定期对系统进行备份有哪些好处?

3.2.2　漏洞扫描结果备份实验

【实验目的】

备份漏洞扫描系统中的扫描结果信息,包括目标主机 IP 地址、Web 网站名称、开放端口、用户名及口令等详细信息。上传漏洞扫描结果备份文件至漏洞扫描系统中。

【知识点】

任务备份、备份文件下载、备份文件上传。

【场景描述】

A 公司的漏洞扫描系统管理员小王对公司的业务系统进行扫描,发现其中存在一些漏洞,小王想将漏洞信息备份导出,以便做后期的分析,请思考应如何操作。

【实验原理】

使用系统管理员账户登录漏洞扫描系统。在漏洞扫描系统的"系统管理"→"漏洞检测备份"模块中,可对漏洞扫描系统中的扫描结果进行备份,例如扫描目标 IP 地址、主机信息、Web 网站名称、使用协议、开放端口等信息,并将备份信息以 Excel 的文件格式保存在系统中,可供用户下载和查看。还可将备份信息以 Excel 的文件格式上传至漏洞扫描系统中。

【实验设备】

• 安全设备:漏洞扫描系统 1 台。
• CMS 服务器:DedeCMS 服务器 1 台。

【实验拓扑】

漏洞扫描结果备份实验拓扑图见图 3-103。

GE1:10.0.0.1/24　　GE2:172.168.1.100/24

管理机:10.0.0.*/24　　　　　　　CMS服务器:172.168.1.104/24

图 3-103　漏洞扫描结果备份实验拓扑图

【实验思路】

(1) 使用网络配置管理员账户登录漏洞扫描系统,新增漏洞扫描系统 IP 地址,该地址用于与 CMS 服务器通信。

(2) 使用系统管理员账户登录漏洞扫描系统,添加、配置并执行新的 Web 漏洞扫描任务。

(3) 对漏洞扫描系统中的扫描结果进行备份。

（4）导出并下载漏洞结果备份数据。

（5）导入漏洞结果备份数据。

【实验步骤】

1）网络配置

（1）在管理机中打开浏览器，在地址栏中输入漏洞扫描系统的 IP 地址"https://10.0.0.1"（以实际设备 IP 地址为准），打开漏洞扫描系统登录界面。使用网络配置管理员用户名/密码"account/account"登录漏洞扫描系统。

（2）登录漏洞扫描系统 Web 界面。

（3）在漏洞扫描系统 Web 界面中，单击左侧的"系统管理"下的"网络接口"模块。

（4）选择界面上方工具栏中的"IP 配置"，单击"新增"按钮，为漏洞扫描设备配置新的 IP 地址，该地址用于与 CMS 服务器通信。

（5）输入本实验设定的"IP 地址"为"172.168.1.100"，输入"子网掩码"为"255.255.255.0"，单击"提交"按钮，使配置生效。

（6）新增 IP 地址成功。"IP 配置"界面将显示漏洞扫描系统新增的 IP 地址"172.168.1.100"。

2）新建漏洞扫描任务

（1）进入管理机，重新打开浏览器，在地址栏中输入漏洞扫描系统的 IP 地址"https://10.0.0.1"（以实际设备 IP 地址为准），打开漏洞扫描系统登录界面。使用系统管理员用户名/密码"admin/！1fw@2soc♯3vpn"登录漏洞扫描系统。

（2）登录漏洞扫描系统 Web 界面。

（3）在漏洞扫描系统 Web 界面中，单击左侧的"任务中心"→"新建任务"模块，在界面右侧选择"Web 扫描"，如图 3-104 所示。

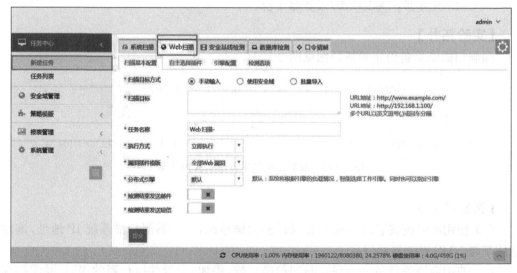

图 3-104　Web 扫描

（4）开始新建 Web 漏洞扫描任务，单击界面上方的"扫描基本配置"模块，输入"扫描目标"为"http：//172.168.1.104/"，"任务名称"为"Web 扫描-DedeCMS 结果备份"，如图 3-105 所示。

图 3-105　新建 Web 扫描任务

（5）单击界面上方的"自主选择插件"模块，启用全部插件，如图 3-106 所示。

图 3-106　禁用插件

（6）单击界面上方的"引擎配置"模块，可根据实际扫描需要对"并发线程数""区分大小写""最大类似页面数""同目录下最大页面数""重试次数""超时时间（秒）"及"代理类型"进行相应的配置，提高扫描效率和扫描质量。此示例中保持默认配置，可根据实际需要进行修改，如图 3-107 所示。

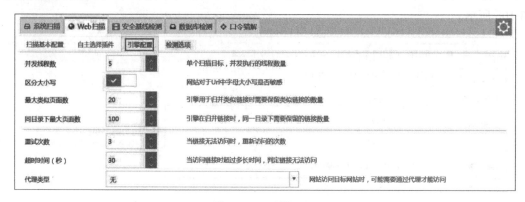

图 3-107　引擎配置

（7）单击界面上方的"检测选项"模块，可对扫描任务的检测方式进行相应配置，包括"检测深度""爬虫策略"和"HTTP请求头"等选项配置。此示例中保持默认配置，可根据实际需要进行修改，如图 3-108 所示。

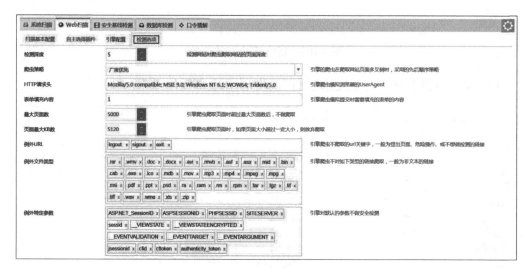

图 3-108　检测选项设置

（8）所有配置完成之后，返回"扫描基本配置"模块，单击"提交"按钮，如图 3-109 所示。

（9）提交后，在任务列表中，可以查看新添加的名称为"Web 扫描-DedeCMS 结果备份"的 Web 漏洞扫描任务，如图 3-110 所示。

（10）在任务列表中，单击"刷新"按钮，更新扫描状态，等待任务结束，如图 3-111 所示。

（11）任务结束，如图 3-112 所示。

图 3-109　提交 Web 扫描任务

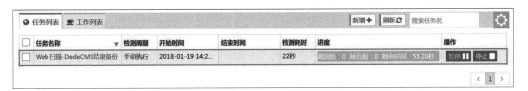

图 3-110　查看 Web 漏洞扫描任务

图 3-111　刷新任务

图 3-112　任务结束

3）备份扫描结果

（1）单击界面左侧导航栏中的"系统管理"，再单击下方展开栏中的"漏洞检测备份"，如图 3-113 所示。

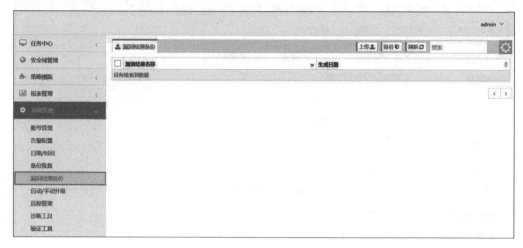

图 3-113　漏洞检测备份

（2）单击界面右上角工具栏中的"备份"按钮，对系统中的漏洞扫描结果进行备份，如图 3-114 所示。

图 3-114　备份漏洞扫描结果

（3）备份成功后，会在下方备份历史中显示漏洞结果名称及生成日期。此示例中备份时间为 2018 年 1 月 19 日 14 时 34 分 41 秒，备份文件名称为 jrbak-20180119143441. xls，具体以实际的时间和名称为准，如图 3-115 所示。

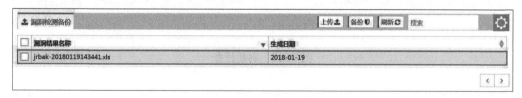

图 3-115　备份成功

（4）选中备份文件，界面右上角工具栏会增加"下载"和"删除"两个功能按钮，如图 3-116 所示。

（5）单击界面右上角工具栏中的"下载"按钮，可将备份数据导出到本地计算机，用户可下载和查看详细的漏洞扫描结果信息。此示例中选中备份文件为 jrbak-20180119143441. xls，将备份文件保存在本地计算机桌面上，具体以实际的时间和名称为准，如图 3-117 所示。

图 3-116 下载/删除备份数据

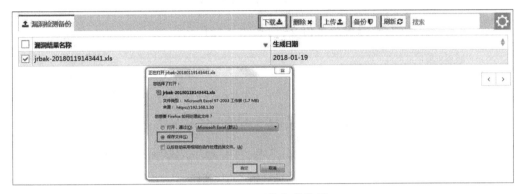

图 3-117 下载备份数据

（6）单击"漏洞检测备份"界面右上角工具栏中的"上传"按钮，可将备份数据导入漏洞扫描系统，上传文件格式必须是.xls 格式，如图 3-118 所示。

图 3-118 上传扫描结果数据

（7）单击"浏览"按钮，选择上传的文件，本示例中，上传保存在本地计算机桌面的备份文件 jrbak-20180119143441.xls，具体以实际的时间和名称为准，单击"上传"按钮，继续上传结果文件，如图 3-119 所示。

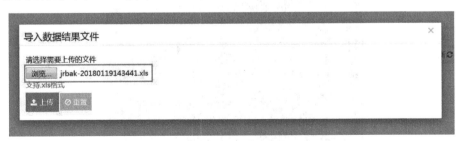

图 3-119 选择结果文件

（8）选中任意一个文件，单击界面右上角工具栏中的"删除"按钮，即可删除文件。本示例选中 jrbak-20180119143441.xls 文件,具体以实际的时间和名称为准,如图 3-120 所示。

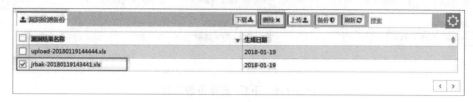

图 3-120　删除备份的结果文件

(9) 单击 OK 按钮,继续删除备份文件,如图 3-121 所示。

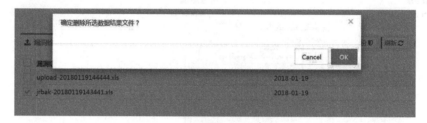

图 3-121　继续删除备份文件

【实验预期】

(1) 系统管理员在漏洞扫描系统中,可通过"系统管理"的"漏洞检测备份"模块对漏洞扫描结果进行备份并将备份文件导出至本地计算机中,供用户下载和查看。

(2) 系统管理员在漏洞扫描系统中,可通过"系统管理"的"漏洞检测备份"模块导入漏洞扫描结果信息至系统中。

【实验结果】

(1) 扫描结果文件下载成功后,以 Excel 文件格式保存至本地计算机,如图 3-122 所示。

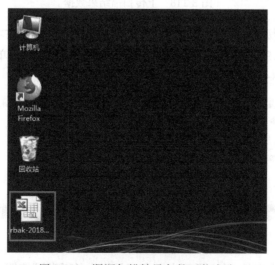

图 3-122　漏洞扫描结果备份下载成功

（2）打开扫描结果文件，可以查看扫描结果的详细信息，包括扫描目标 IP 地址、主机信息、Web 网站名称、开放端口、使用协议、用户名及口令等，如图 3-123 所示。

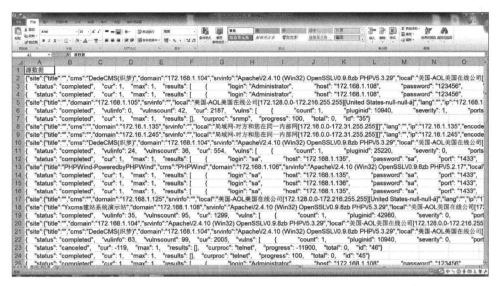

图 3-123　漏洞扫描结果备份信息

（3）扫描结果文件上传成功后，会在下方备份历史中显示漏洞扫描结果名称及生成时间。上传的备份文件名称以"upload-"开头，如图 3-124 所示。

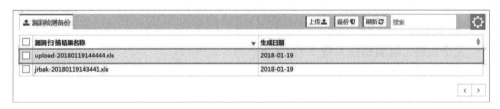

图 3-124　上传备份数据成功

（4）扫描结果备份文件删除成功后，漏洞检测备份模块中将不再出现此备份文件。此示例中删除了备份文件 jrbak-20180119143441.xls，具体以实际的时间和名称为准，如图 3-125 所示。

图 3-125　备份文件删除成功

【实验思考】

通过查看漏洞扫描结果备份文件，可以获取哪些信息？

3.2.3 漏洞扫描系统规则库升级实验

【实验目的】

对漏洞扫描系统进行自动升级、手动升级、本地升级。

【知识点】

自动升级、手动升级、本地升级。

【场景描述】

由于安全事件频发，各安全厂商要对各自生产的安全产品的规则库进行升级。A 公司的安全运维工程师小王了解情况后，也需要对自己管理的漏洞扫描设备进行升级。但是，小王所在公司目前的网络环境是独立的内网环境，设备无法连接互联网，无法实现自动升级。请思考应如何解决升级规则库的问题。

【实验原理】

使用系统管理员账户登录漏洞扫描系统。在漏洞扫描系统的"系统管理"→"自动/手动升级"模块中，可升级漏洞扫描系统版本。升级是对漏洞扫描系统版本的管理，分为整个系统的升级(即固件升级)和规则库升级。升级可选择三种升级方式，分别是自动升级、手动升级、本地升级。自动升级需要用户输入升级的服务器地址、用户名、密码及执行周期；手动升级需要用户输入规则库升级或固件升级的有效升级文件 URL 地址；本地升级需要用户导入规则库升级文件或固件升级文件。

【实验设备】

- 安全设备：漏洞扫描系统 1 台。
- 终端设备：WXPSP3 1 台。

【实验拓扑】

漏洞扫描系统规则库升级实验拓扑图见图 3-126。

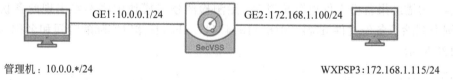

GE1:10.0.0.1/24
GE2:172.168.1.100/24
SecVSS
管理机：10.0.0.*/24
WXPSP3:172.168.1.115/24

图 3-126 漏洞扫描系统规则库升级实验拓扑图

【实验思路】

(1) 使用网络配置管理员账户登录漏洞扫描系统，新增漏洞扫描系统 IP 地址，该地址用于与 PC 通信。

(2) 使用系统管理员账户登录漏洞扫描系统。

(3) 本地升级漏洞扫描系统。

【实验步骤】

1）网络配置

（1）在管理机中打开浏览器，在地址栏中输入漏洞扫描系统的 IP 地址"https：//10.0.0.1"（以实际设备 IP 地址为准），打开漏洞扫描系统登录界面。使用网络配置管理员用户名/密码"account/account"登录漏洞扫描系统。

（2）登录漏洞扫描系统 Web 界面。

（3）在漏洞扫描系统 Web 界面中，单击左侧的"系统管理"下的"网络接口"模块。

（4）选择界面上方工具栏中的"IP 配置"，单击"新增"按钮，为漏洞扫描设备配置新的 IP 地址，该地址用于与 CMS 服务器通信使用。

（5）输入本实验设定的"IP 地址"为"172.168.1.100"，输入"子网掩码"为"255.255.255.0"，单击"提交"按钮，使配置生效。

（6）新增 IP 地址成功。"IP 配置"界面将显示漏洞扫描系统新增的 IP 地址"172.168.1.100"。

2）本地升级系统规则库

（1）登录实验平台，找到该实验对应拓扑图，打开右侧的 WXPSP3 虚拟机，如图 3-127 所示。

GE1：10.0.0.1/24　　SecVSS　　GE2：172.168.1.100/24

管理机：10.0.0.*/24　　　　　　　　　　　　WXPSP3：172.168.1.115/24

图 3-127　登录右侧虚拟机 WXPSP3

（2）在虚拟机的桌面找到火狐浏览器并打开，如图 3-128 所示。

图 3-128　打开火狐浏览器

（3）在浏览器地址栏中输入漏洞扫描系统的 IP 地址"https://172.168.1.100"（以实际设备 IP 地址为准），跳转"不安全连接"界面，单击"高级"按钮，单击"添加例外…"按钮，如图 3-129 所示。

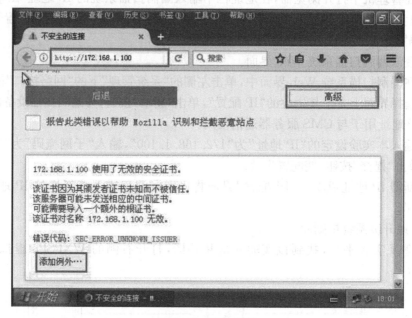

图 3-129　添加例外

（4）进入"确认添加安全例外"界面，单击"确认安全例外(C)"按钮，如图 3-130 所示。

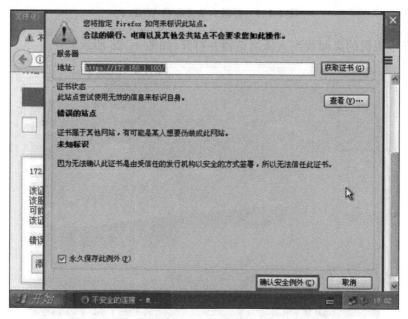

图 3-130　确认添加例外

（5）确认添加例外成功之后将自动进入漏洞扫描系统登录界面，输入系统管理员用户名/密码"admin/！1fw@2soc♯3vpn"即可登录漏洞扫描系统，如图 3-131 所示。

图 3-131　登录漏洞扫描系统

（6）登录漏洞扫描系统 Web 界面，如图 3-132 所示。

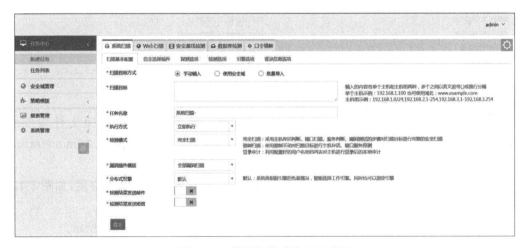

图 3-132　漏洞扫描系统 Web 界面

（7）单击界面左侧导航栏中的"系统管理"，再单击下方展开栏中的"自动/手动升级"，如图 3-133 所示。

（8）单击工具栏中的"本地升级"，进行本地升级配置，"导入规则库文件"可通过导入

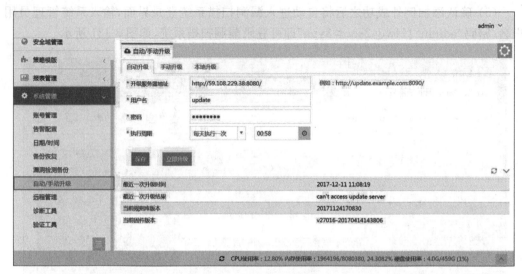

图 3-133 自动/手动升级

升级文件进行规则库升级，"导入固件文件"可对系统固件进行升级。以规则库升级为例，单击"导入规则库文件"进行规则库升级，如图 3-134 所示。

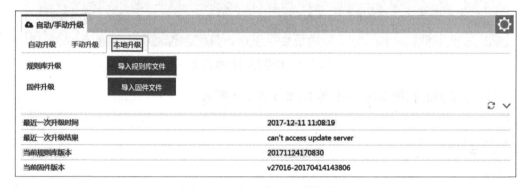

图 3-134 本地升级-规则库升级

（9）选择规则库升级文件，单击"打开"按钮。此示例中，规则库文件为 sig_v20171124170830.img，并且该文件存放在"C:\Documents and Settings\Administrator\桌面\实验工具"下，如图 3-135 所示。

（10）打开规则库文件成功后，本地升级界面将显示导入规则库文件进度，如图 3-136 所示。

（11）导入规则库完成之后，系统将自动执行规则库文件，如图 3-137 所示。

【实验预期】

（1）系统管理员在漏洞扫描系统中，可通过"系统管理"的"自动/手动升级"模块对漏洞扫描系统版本或规则库版本进行管理。

（2）系统管理员通过本地升级进行规则库升级。

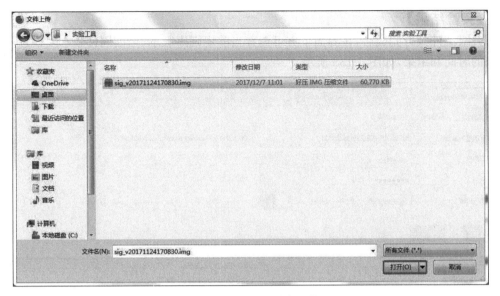

图 3-135 打开规则库文件

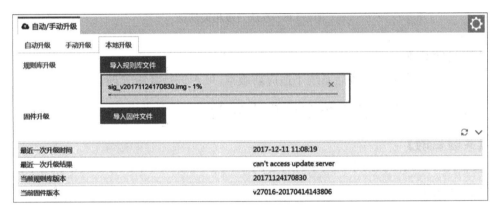

图 3-136 规则库文件导入进度

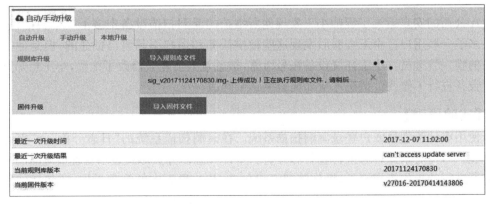

图 3-137 执行规则库文件

【实验结果】

升级文件执行完成后,在界面下方可查看当前规则库版本、当前固件版本及最近一次升级的时间和结果,如图 3-138 所示。

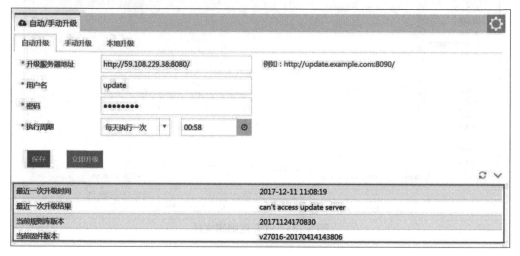

图 3-138　系统升级相关信息

【实验思考】

漏洞扫描系统版本升级后系统不适应新版本,可否进行降级管理?

3.2.4　漏洞扫描系统审计日志实验

【实验目的】

查看并分析漏洞扫描系统的审计日志。

【知识点】

日志分析、审计日志。

【场景描述】

A 公司的安全运维工程师小王发现他所维护的漏洞扫描设备中多了一个扫描任务,而且多了一些用户。小王查看后发现这些扫描任务和用户不是自己创建的,但是他是该设备的唯一管理员。小王怀疑设备账号泄露,被恶意人员登录修改了配置,小王想知道是谁对设备进行了修改。请思考应如何解决这个问题。

【实验原理】

使用审计管理员账户登录漏洞扫描系统。在漏洞扫描系统的"日志分析"→"审计日志"模块中,可对审计日志进行查看和分析。审计日志以分页形式显示管理员对漏洞扫描系统所进行的操作管理记录,操作管理不仅包含 Web 界面中的管理操作,还包括使用命令行的管理操作,同时操作日志支持按条件的高级查询功能。

【实验设备】

- 安全设备：漏洞扫描系统 1 台。
- 终端设备：WXPSP3 1 台。

【实验拓扑】

漏洞扫描系统审计日志实验拓扑图见图 3-139。

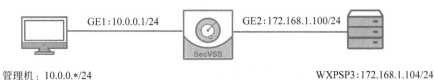

GE1：10.0.0.1/24　　　　GE2：172.168.1.100/24

管理机：10.0.0.*/24　　　　　　　　　　　WXPSP3：172.168.1.104/24

图 3-139　漏洞扫描系统审计日志实验拓扑

【实验思路】

(1) 使用网络配置管理员账户登录漏洞扫描系统，新增漏洞扫描系统 IP 地址，该地址用于与 PC 通信。

(2) 通过一台虚拟 PC 登录漏洞扫描设备，创建账户。

(3) 使用系统管理员账户登录漏洞扫描系统，发现攻击者创建的任务和账户。

(4) 使用审计管理员账户登录漏洞扫描系统。

(5) 管理操作管理记录，包括调取、导出和删除操作记录等。

(6) 查看操作管理记录，发现攻击者对设备的操作及攻击者的相关信息。

【实验步骤】

1) 网络配置

(1) 在管理机中打开浏览器，在地址栏中输入漏洞扫描系统的 IP 地址"https：//10. 0.0.1"（以实际设备 IP 地址为准），打开漏洞扫描系统登录界面。使用网络配置管理员用户名/密码"account/account"登录漏洞扫描系统。

(2) 登录漏洞扫描系统 Web 界面。

(3) 在漏洞扫描系统 Web 界面中，单击左侧的"系统管理"下的"网络接口"模块。

(4) 选择界面上方工具栏中的"IP 配置"，单击"新增"按钮，为漏洞扫描设备配置新的 IP 地址，该地址用于与 CMS 服务器通信。

(5) 输入本实验设定的"IP 地址"为"172.168.1.100"，输入"子网掩码"为"255.255. 255.0"，单击"提交"按钮使配置生效。

(6) 新增 IP 地址成功。"IP 配置"界面将显示漏洞扫描系统新增的 IP 地址"172. 168.1.100"。

2) 模拟攻击者登录并使用漏洞扫描平台

(1) 登录实验平台，找到该实验对应拓扑图，打开右侧的 WXPSP3 虚拟机，如图 3-140 所示。

(2) 在虚拟机的桌面找到火狐浏览器并打开，如图 3-141 所示。

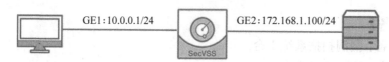

管理机：10.0.0.*/24　　　　　　　　　　　　　　　　　WXPSP3：172.168.1.104/24

图 3-140　登录右侧虚拟机 WXPSP3

图 3-141　打开火狐浏览器

（3）在浏览器地址栏中输入漏洞扫描系统的 IP 地址"https：//172.168.1.100"（以实际设备 IP 地址为准），跳转"不安全连接"界面，单击"高级"按钮，单击"添加例外…"按钮，如图 3-142 所示。

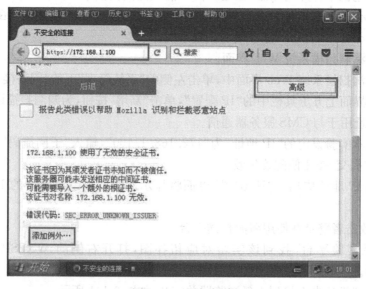

图 3-142　添加例外

（4）进入"确认添加安全例外"界面，单击"确认安全例外（C）"按钮，如图 3-143 所示。

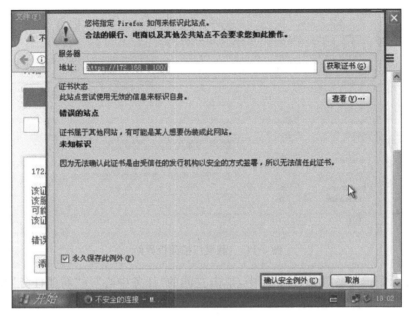

图 3-143　确认添加例外

（5）确认添加例外成功之后将自动进入漏洞扫描系统登录界面，输入系统管理员用户名/密码"admin/!1fw@2soc#3vpn"即可登录漏洞扫描系统，如图 3-144 所示。

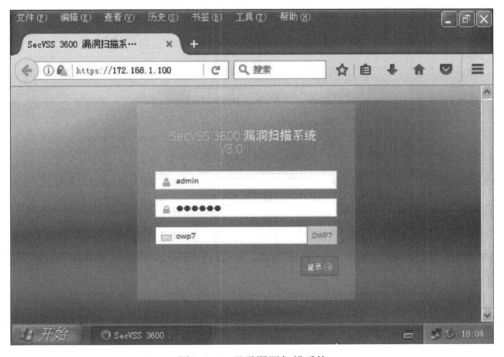

图 3-144　登录漏洞扫描系统

（6）登录漏洞扫描系统 Web 界面，如图 3-145 所示。

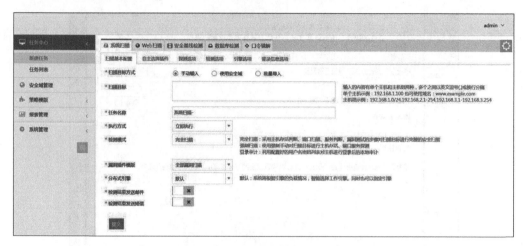

图 3-145　漏洞扫描面板界面

（7）在漏洞扫描系统 Web 界面中，单击左侧的"任务中心"→"新建任务"模块，在界面右侧单击"Web 扫描"模块，如图 3-146 所示。

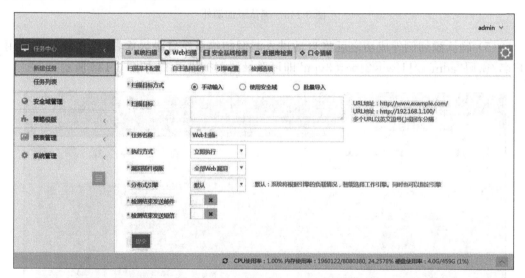

图 3-146　Web 扫描

（8）新建 Web 漏洞扫描任务，单击界面上方的"扫描基本配置"模块，输入"扫描目标"为"http://172.168.1.105/"，"任务名称"为"Web 扫描-模拟攻击"，单击"提交"按钮，如图 3-147 所示。

（9）任务成功提交后，任务列表中出现"Web 扫描-模拟攻击"任务，如图 3-148 所示。

（10）注销登录，使用账号管理员用户名/密码"account/account"重新登录漏洞扫描系统，如图 3-149 所示。

（11）在漏洞扫描系统 Web 界面中，单击左侧的"系统管理"→"账号管理"模块，在界

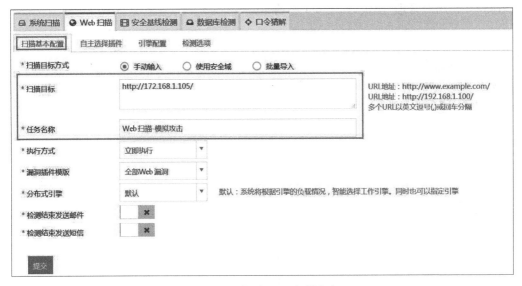

图 3-147 新建 Web 扫描任务

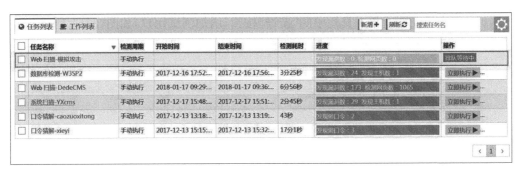

图 3-148 扫描任务提交成功

图 3-149 漏洞扫描登录界面

面右侧单击"用户管理"模块，如图 3-150 所示。

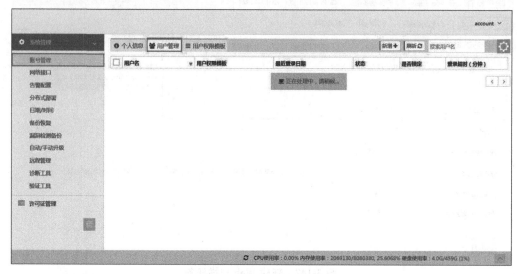

图 3-150　用户管理

（12）单击界面右上角工具栏中的"新增"按钮，增加测试用户，如图 3-151 所示。

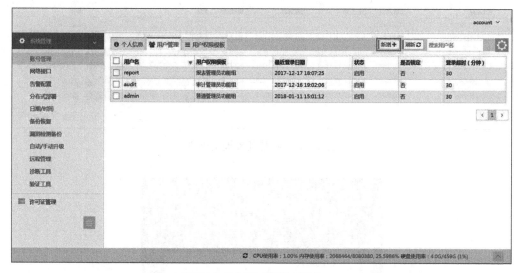

图 3-151　新增测试用户

（13）输入"用户名称"为"test 模拟攻击"，单击"提交"按钮，如图 3-152 所示。

（14）新增用户成功后，"用户管理"界面将出现新增用户的相关信息，如图 3-153 所示。

3）使用系统管理员账号查看漏洞扫描平台

（1）在管理机中打开浏览器，在地址栏中输入漏洞扫描系统的 IP 地址"https://10. 0.0.1"（以实际设备 IP 地址为准），打开漏洞扫描系统登录界面。使用系统管理员用户名/密码"admin/！1fw@2soc♯3vpn"登录漏洞扫描系统。

图 3-152　新增测试用户

图 3-153　新增用户列表

（2）登录漏洞扫描系统 Web 界面。

（3）单击界面左侧导航栏中的"任务中心"，再单击下方展开栏中的"任务列表"，发现任务列表中多了一个未知的扫描任务"Web 扫描-模拟攻击"，如图 3-154 所示。

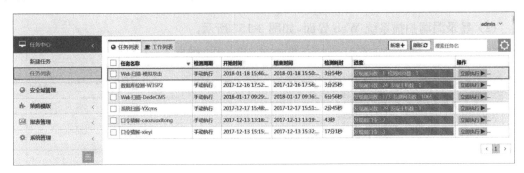

图 3-154　查看任务列表

4）使用账号管理员账号查看漏洞扫描平台

（1）注销登录，使用账号管理员用户名/密码"account/account"重新登录漏洞扫描系统。

（2）在漏洞扫描系统 Web 界面中，单击左侧的"系统管理"→"账号管理"模块，在界面右侧选择"用户管理"。发现列表中多了一个未知用户"test 模拟攻击"，如图 3-155 所示。

图 3-155　查看用户信息

5）使用审计管理员账号查看操作管理记录

（1）注销登录，使用系统管理员用户名/密码"audit/audit"登录漏洞扫描系统，如图
3-156 所示。

图 3-156　重新登录漏洞扫描系统

（2）登录漏洞扫描系统 Web 界面，如图 3-157 所示。

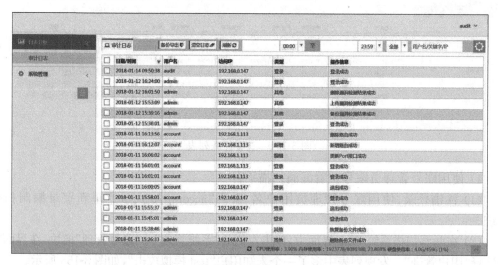

图 3-157　漏洞扫描系统 Web 界面

（3）单击界面左侧导航栏中的"日志分析"，再单击下方展开栏中的"审计日志"，进入"审计日志"界面。在此界面可查看所有操作管理记录，显示每条记录的操作时间/日期、用户名、访问 IP、类型和操作信息，如图 3-158 所示。

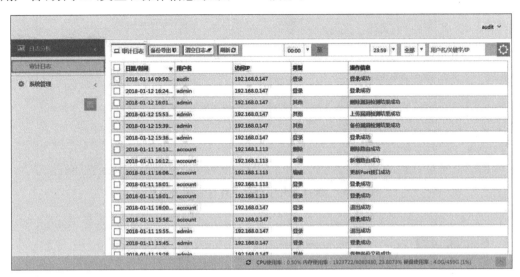

图 3-158　"审计日志"界面

【实验预期】

（1）审计管理员在漏洞扫描系统中，可通过"日志分析"的"审计日志"模块查看所有操作管理记录。

（2）审计管理员在漏洞扫描系统中，可通过"日志分析"的"审计日志"模块调取、导出和删除操作记录。

（3）审计管理员在漏洞扫描系统中，可通过"日志分析"的"审计日志"模块调取攻击者操作记录，查看攻击者的 IP 地址和攻击时间。

【实验结果】

（1）单击操作记录属性中的"日期/时间"，若"日期/时间"右侧为正三角，则按照升序查看记录信息，如图 3-159 所示。

（2）单击操作记录属性中的"日期/时间"，若"日期/时间"右侧为倒三角，则按照降序查看记录信息，如图 3-160 所示。

（3）选择界面右上方工具栏中的时间选择，可按时间段调取操作记录。此示例中按照降序查看了从 2017 年 11 月 10 日零时至 2017 年 11 月 12 日 23 分 59 秒的全部操作记录，如图 3-161 所示。

（4）选择界面右上方工具栏中的操作选择，可按操作类型调取操作记录，操作类型包括全部、登录、删除、新增、编辑和其他。此示例中按照降序查看了从 2017 年 11 月 10 日零时至 2017 年 11 月 12 日 23 分 59 秒的登录操作记录，具体以实际时间为准，如图 3-162 所示。

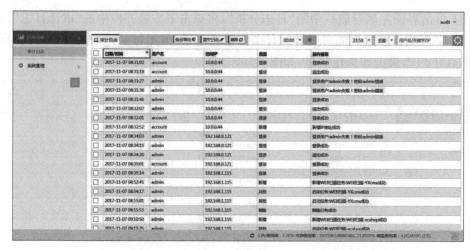

图 3-159　按日期升序查看审计日志相关信息

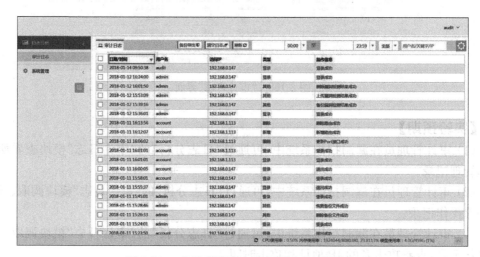

图 3-160　按日期降序查看审计日志相关信息

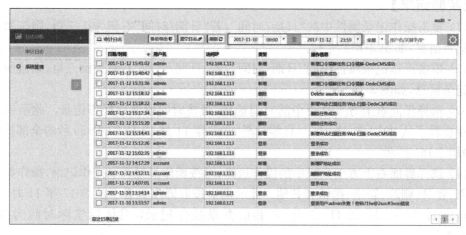

图 3-161　按时间段调取信息

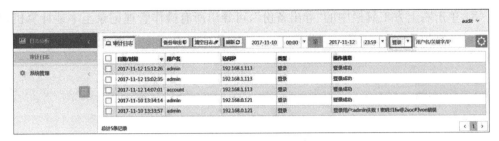

图 3-162　按操作类型调取信息

（5）除了按操作类型调取操作记录外，还可以在右上方工具栏中的"自定义筛选"中输入用户名、操作行为等其他关键字，按输入的关键字调取操作记录。如输入"扫描"，即可调取与"扫描"相关的操作管理记录。此示例中按照降序查看了从 2017 年 11 月 10 日零时至 2017 年 11 月 12 日 23 分 59 秒的扫描操作记录，具体以实际时间为准，如图 3-163 所示。

图 3-163　按关键字调取信息

（6）按操作类型调取操作记录时，需要注意：全部、登录、删除、新增、编辑和其他这 6 个筛选条件优先于自定义的筛选条件，6 个筛选执行后的结果是自定义筛选的筛选范围。此示例中按照降序查看了从 2017 年 11 月 10 日零时至 2017 年 11 月 12 日 23 分 59 秒的登录类型下的扫描操作记录，记录为空，具体以实际时间为准，如图 3-164 所示。

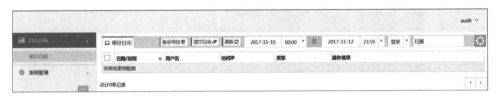

图 3-164　调取信息为空

（7）单击界面右上方工具栏中的"清空日志"，可清空所有操作管理记录。选中任意一个操作管理记录，右上方工具栏中会出现"删除"选项，单击"删除"即可删除此记录，如图 3-165 所示。

图 3-165　清空/删除记录

（8）单击右上方工具栏中的"导出备份"，可导出所有操作管理记录至本地计算机，并以 Excel 文件形式保存，如图 3-166 所示。

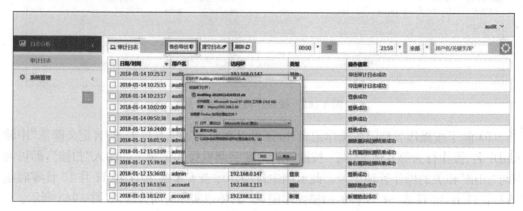

图 3-166　导出操作管理记录进行备份

（9）操作管理记录保存成功后，可查看操作管理记录，如图 3-167 所示。

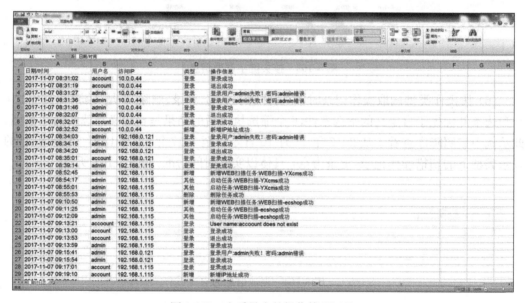

图 3-167　查看导出的操作管理记录

（10）在界面右上方工具栏中的"自定义筛选"中输入"模拟攻击"，即可调取攻击者的操作记录及攻击者的相关信息，如访问 IP 地址、攻击时间等。此示例中，攻击者的访问 IP 为"172.168.1.115"，攻击时间为 2018 年 1 月 18 日，具体以实际攻击为准，如图 3-168 所示。

【实验思考】

审计管理员删除日志后，是否有记录显示审计管理员删除了日志？

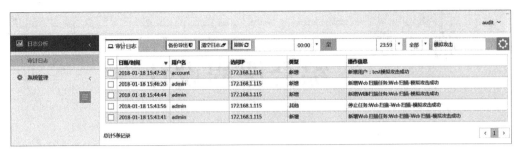

图 3-168　查看攻击者操作记录

第 4 章　综合课程设计

通过前 3 章的实验已基本掌握漏洞扫描系统的配置、管理和应用,本课程设计将综合上述技能完成漏洞扫描系统的综合实验,对前 3 章所掌握的技能进行检验。

【实验目的】

本章的课程设计为漏洞扫描综合实验,综合运用所学漏洞扫描的相关知识,完成漏洞扫描系统的上线配置,并使用漏洞扫描系统完成对目标系统的漏洞检测,导出漏洞检测报告。

【知识点】

上线配置、跨网段管理、备份恢复、漏洞检测、口令猜解。

【场景描述】

A 公司开发了新的业务系统对外提供服务,公司要求在业务系统上线之前对该系统进行健康状态检查,于是向安全运维工程师小王提出如下需求:

(1) 检查该操作系统是否存在漏洞。

(2) 检查 Web 页面是否存在漏洞。

(3) 检查数据库是否存在漏洞。

(4) 检查该项业务相关服务是否存在弱口令现象(基于协议、数据库、操作系统)。

(5) 在检查完毕之后需要向该部门输出漏洞检测报告。

小王在接到需求后,发现刚好前几天采购了一台漏洞扫描设备可以完成上述检查,但是在检查之前,小王需要将设备上线并投入使用,还要完成如下工作:

(1) 设备可以跨网段管理,并且只允许管理机和小王所在的网段访问设备。

(2) 小王的领导张经理需要查看设备的操作日志(审计账号)。

(3) 对设备进行一次规则库升级。

(4) 对业务系统完成检测后,对设备的扫描任务等相关数据进行一次备份。

(5) 在业务系统完成检测后,对设备的漏洞进行一次备份。

请思考应如何完成。

【实验原理】

(1) 漏洞扫描设备支持多网段管理方式,一台设备可以配置多个不同网段的管理 IP 地址。使用网络配置管理员账户登录漏洞扫描系统。在漏洞扫描系统的"系统管理"→"远程管理"模块中,通过新增远程管理信息,设置能够访问系统的 IP 网段及其允许访问的类型。未在此范围内的 IP 地址访问漏洞扫描系统将被拒绝。

（2）网络配置管理员可对漏洞扫描系统的用户账号进行管理，包括增加、删除、修改等。

（3）使用系统管理员账户登录漏洞扫描系统。在漏洞扫描系统的"系统管理"→"自动/手动升级"模块中，可升级漏洞扫描系统规则库版本。

（4）使用系统管理员账户登录漏洞扫描系统。在漏洞扫描系统的"系统管理"→"漏洞检测备份"模块中，可对漏洞扫描系统中的扫描结果进行备份，例如扫描目标 IP 地址、主机信息、Web 网站名称、使用协议、开放端口等信息，并将备份信息以 Excel 文件的形式保存在系统中，可供用户下载和查看。

（5）使用系统管理员账户登录漏洞扫描系统。在漏洞扫描系统的"系统管理"→"备份恢复"模块中，可以对设备内的用户信息、扫描任务以及安全域信息进行备份。建议用户定期对系统进行备份，以供将来恢复系统数据时使用。在设备受到严重损坏时，备份的数据还可以导入另外一台设备中，并进行备份恢复，增加了系统的可靠性。

（6）系统管理员可使用"系统扫描"模块、"Web 扫描"模块、"数据库扫描"模块对目标系统进行漏洞扫描，根据扫描得到的漏洞信息，分析系统脆弱点，并生成扫描结果报告，帮助管理员理解和修复系统存在的问题，从而提高系统的安全系数。

（7）使用系统管理员账户登录漏洞扫描系统。在漏洞扫描系统的"任务中心"→"新建任务"→"口令猜解"模块中，可以对目标安全域进行操作系统弱口令检测、基于协议的弱口令检测和数据库弱口令检测。根据扫描得到的弱口令信息，生成弱口令列表，帮助管理员理解和修复存在的问题，定期修改口令，更换为复杂口令等，从而提高系统的安全系数。

（8）使用报表管理员账户登录漏洞扫描系统。在"日志分析"→"导出报表"模块中可按照资产组和时间导出扫描报表，报表分为详细报告和统计报表，导出格式分为 HTML、Word 和 Excel。

【实验设备】

- 安全设备：漏洞扫描系统 1 台。
- 终端设备：WXPSP3 1 台。
- CMS 服务器：weekpassword 服务器 1 台。
- CMS 服务器：DedeCMS 服务器 1 台。
- 应用服务器：W3SP2IIS 6.0 服务器 1 台。

【实验拓扑】

综合实验拓扑图见图 4-1。

【实验思路】

（1）使用网络配置管理员账户登录漏洞扫描系统。新增漏洞扫描系统 IP 地址，用于远程用户管理设备及目标服务器通信。配置路由信息，实现跨网段登录漏洞扫描系统。

（2）使用系统管理员账户登录漏洞扫描系统。配置可对漏洞扫描系统进行远程管理的 IP 网段，并设置允许访问的类型。小王通过访问设备"172.168.1.100"的 IP 地址，远程登录漏洞扫描系统。

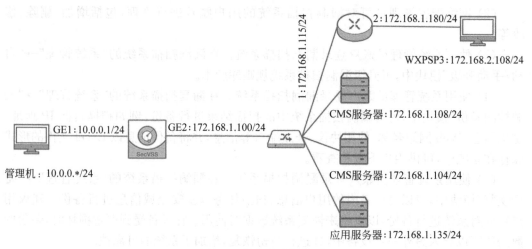

图 4-1　综合实验拓扑图

（3）使用网络配置管理员账户登录漏洞扫描系统，为张经理创建审计员账号 M_zhang。

（4）本地升级漏洞扫描系统规则库。

（5）使用系统管理员账户登录漏洞扫描系统，添加、配置并执行新的 Web 漏洞扫描任务。

（6）对业务系统完成检测后，对设备的扫描任务、相关配置及扫描结果等相关数据进行一次备份。

（7）使用系统管理员账户登录漏洞扫描系统，完成对目标系统的漏洞检测，检查该项业务相关服务是否存在弱口令现象（基于协议、数据库、操作系统）。

（8）使用系统管理员账户登录漏洞扫描系统，导出漏洞检测报告。

【实验步骤】

1）网络配置

（1）在管理机中打开浏览器，在地址栏中输入漏洞扫描系统的 IP 地址"https://10.0.0.1"（以实际设备 IP 地址为准），打开漏洞扫描系统登录界面。使用网络配置管理员用户名/密码"account/account"登录漏洞扫描系统。

（2）登录漏洞扫描系统 Web 界面。

（3）在漏洞扫描系统 Web 界面中，单击左侧的"网络接口"模块。

（4）选择界面上方工具栏中的"IP 配置"，单击"新增"按钮，为漏洞扫描系统配置新的 IP 地址，提供给远程用户访问。

（5）填写新增 IP 地址及其子网掩码，输入"IP 地址"为"172.168.1.100"，输入"子网掩码"为"255.255.255.0"。单击"提交"按钮，使配置生效。

（6）新增 IP 地址成功。"IP 配置"界面将显示漏洞扫描系统新增的 IP 地址"172.168.1.100"。

（7）在"网络接口"界面中，单击界面上方"路由配置"模块，如图 4-2 所示。

图 4-2　单击"路由配置"

（8）进入"路由配置"模块后，单击界面右上方"新增"按钮，添加新的路由配置信息，如图 4-3 所示。

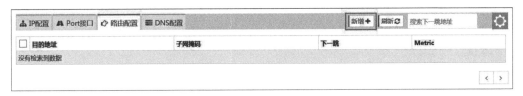

图 4-3　新增路由

（9）进入"新增路由"模块，在新增路由界面中输入"目的地址"为"172.168.2.0"，输入"子网掩码"为"255.255.255.0"，输入"下一跳"为"172.168.1.115"，输入 Metric 为 2，输入完成后单击"提交"按钮，如图 4-4 所示。

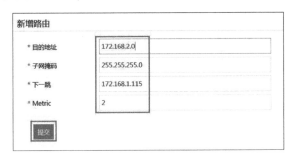

图 4-4　新增路由界面

（10）提交完成后，在"路由配置"界面可以看到新增的"目的地址"为"172.168.2.0"的路由配置信息，如图 4-5 所示。

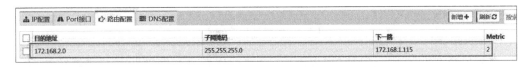

图 4-5　路由配置界面

2）配置允许远程登录漏洞扫描系统的 IP 网段

（1）在管理机中重新打开浏览器，在地址栏中输入漏洞扫描系统的 IP 地址"https://10.0.0.1"（以实际设备 IP 地址为准），打开漏洞扫描系统登录界面。使用系统管理员用户名/密码"admin/！1fw@2soc＃3vpn"登录漏洞扫描系统。

（2）登录漏洞扫描系统 Web 界面。

（3）在漏洞扫描系统 Web 界面中，单击面板左侧导航栏中的"系统管理"，再单击下方展开栏中的"远程管理"，进入"远程管理"界面，如图 4-6 所示。

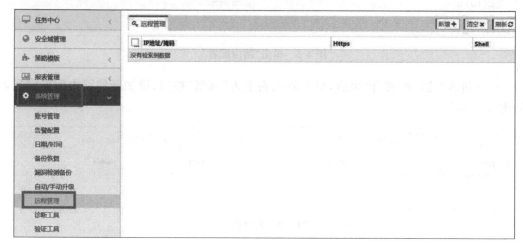

图 4-6　远程管理界面

（4）单击界面上方工具栏中的"新增"按钮，添加远程管理信息，如图 4-7 所示。

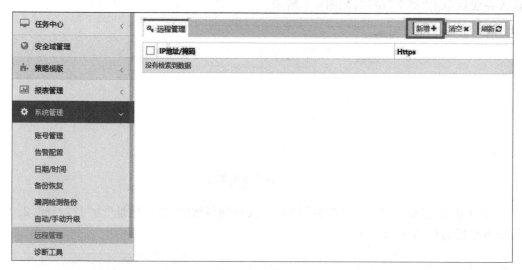

图 4-7　新增远程管理 1

（5）在弹出的"新增远程管理"界面中，设置允许登录和管理漏洞扫描系统的 IP 地址。为了避免添加远程管理信息后，管理机失去和漏洞扫描系统的连接，首先设置管理机网段允许访问漏洞扫描系统，管理机网段是"192.168.0.0/16"（以实际 IP 地址为准），因此输入"IP 地址/掩码"为"192.168.0.0/16"，Https 和 Shell 的访问方式默认为"允许"，配置完成后单击"提交"按钮，保存配置信息，如图 4-8 所示。

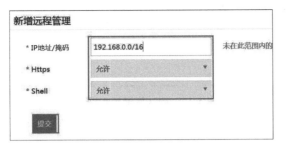

图 4-8　新增远程管理信息 1

（6）提交后将弹出确认信息，确认配置信息无误后，单击 OK 按钮，如图 4-9 所示。

图 4-9　确认新增远程管理 1

（7）然后设置允许小王的网段远程登录和管理漏洞扫描系统的 IP 地址。再次单击界面上方工具栏中的"新增"按钮，添加远程管理信息，如图 4-10 所示。

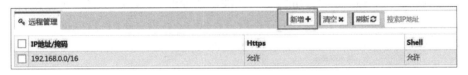

图 4-10　添加一条远程管理 2

（8）输入"IP 地址/掩码"为"172.168.2.0/24"，Https 和 Shell 的访问方式默认为"允许"，配置完成后单击"提交"按钮，保存配置信息，如图 4-11 所示。

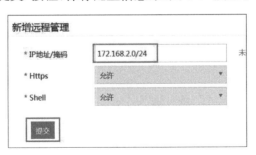

图 4-11　填写新增的远程管理信息 2

（9）提交后将弹出确认信息，确认配置信息无误后，单击 OK 按钮，如图 4-12 所示。

（10）成功提交远程管理信息后，自动返回"远程管理"界面，界面将出现新增的两个远程管理信息。未在此范围内的 IP 地址无法通过 Https 和 Shell 的方式访问漏洞扫描系统，如图 4-13 所示。

图 4-12　确认新增远程管理 2

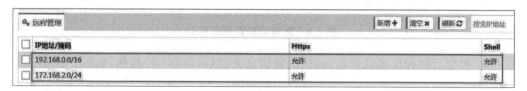

图 4-13　新增远程管理记录成功

3）创建审计员账号

（1）在管理机中打开浏览器，在地址栏中输入漏洞扫描系统的 IP 地址"https：//10.0.0.1"（以实际设备 IP 地址为准），打开漏洞扫描系统登录界面。使用网络配置管理员用户名/密码"account/account"登录漏洞扫描系统。

（2）登录漏洞扫描系统界面后，显示网络配置管理员拥有的职责和权限，包括"系统管理""网络接口""告警配置""备份恢复"和"许可证管理"等模块，如图 4-14 所示。

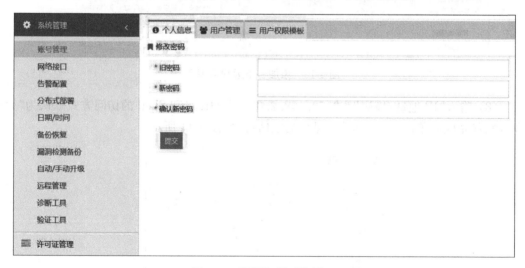

图 4-14　漏洞扫描系统界面

（3）单击界面左侧的"账号管理"，该模块提供用户管理功能，可增加或删除某个用户以及修改用户权限，如图 4-15 所示。

（4）单击界面上方工具栏中的"用户管理"，在"用户管理"模块中，可以管理漏洞扫描系统中的所有用户信息，如图 4-16 所示。

（5）单击界面右侧"新增＋"按钮，为张经理创建审计管理员账号 M_zhang，查看设备

图 4-15　"账号管理"界面

图 4-16　"用户管理"界面

的审计日志,如图 4-17 所示。

图 4-17　新增用户

(6) 输入"用户名称"为 M_zhang,初始密码与用户名相同。单击"用户权限模板"下拉菜单,选择"审计管理员功能组",其他选项保持默认配置,配置完成后单击"提交"按钮,如图 4-18 所示。

(7) 新增用户成功后,"用户管理"界面将显示用户名为 M_zhang 的用户信息,包括"用户权限模板""最近登录日期""状态"以及"是否锁定",如图 4-19 所示。

4) 本地升级系统规则库

(1) 登录实验平台,找到该实验对应拓扑图,打开右侧的 WXPSP3 虚拟机,如图 4-20 所示。

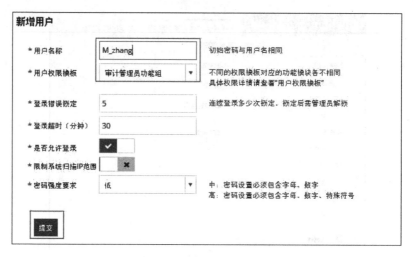

图 4-18　编辑新增用户信息

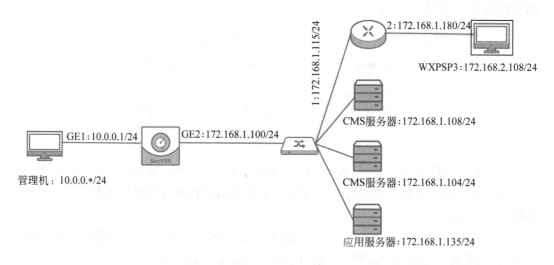

图 4-19　新增用户成功

图 4-20　登录右侧虚拟机 WXPSP3

（2）在虚拟机的桌面找到火狐浏览器并打开，如图 4-21 所示。

（3）在浏览器地址栏中输入漏洞扫描系统的 IP 地址"https://172.168.1.100"（以实际设备 IP 地址为准），跳转"不安全连接"界面，单击"高级"按钮，单击"添加例外…"按钮，

图 4-21　打开火狐浏览器

如图 4-22 所示。

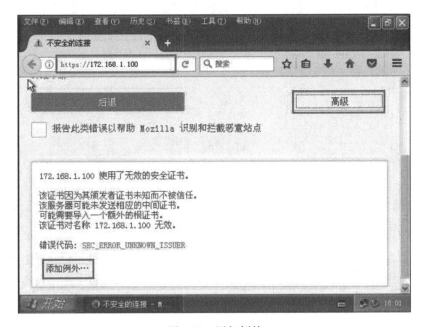

图 4-22　添加例外

（4）进入"确认添加安全例外"界面，单击"确认安全例外（C）"按钮，如图 4-23 所示。

（5）确认添加例外成功之后将自动进入漏洞扫描系统登录界面，输入系统管理员用户名/密码"admin/！1fw@2soc♯3vpn"即可登录漏洞扫描系统，如图 4-24 所示。

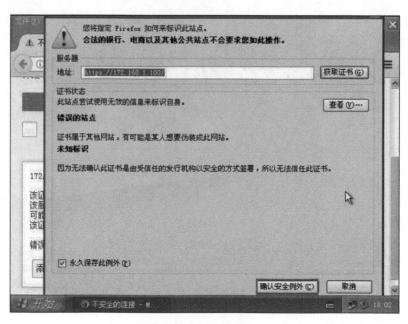

图 4-23　确认添加例外

图 4-24　远程登录漏洞扫描系统

（6）登录漏洞扫描系统 Web 界面，如图 4-25 所示。

（7）单击界面左侧导航栏中的"系统管理"，再单击下方展开栏中的"自动/手动升级"，如图 4-26 所示。

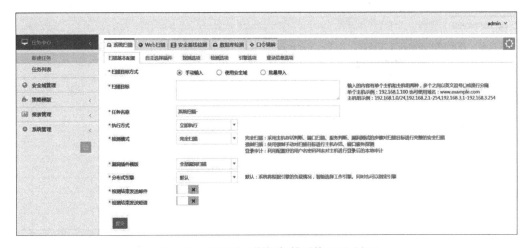

图 4-25 远程进入漏洞扫描系统 Web 界面

图 4-26 自动/手动升级

（8）单击工具栏中的"本地升级"模块，进行本地升级配置，"导入规则库文件"可通过导入升级文件进行规则库升级，"导入固件文件"可对系统固件进行升级，以规则库升级为例，单击"导入规则库文件"进行规则库升级，如图 4-27 所示。

（9）选择规则库升级文件，单击"打开"按钮。此示例中，规则库文件为 sig_v20171124170830.img，并且该文件存放在"C:\Documents and Settings\Administrator\桌面\实验工具"下，如图 4-28 所示。

（10）打开规则库文件成功后，本地升级界面将显示导入规则库文件进度，如图 4-29 所示。

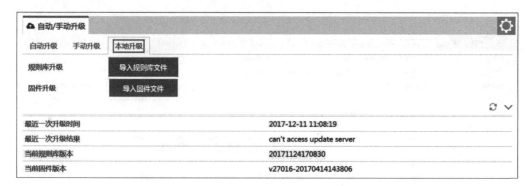

图 4-27　本地升级-规则库升级

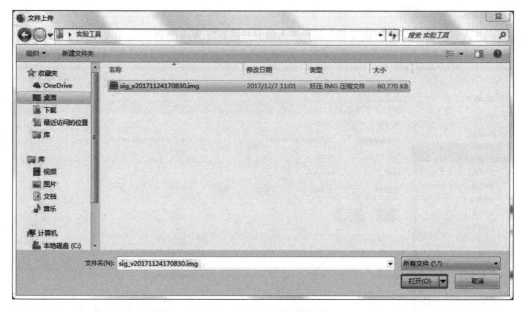

图 4-28　打开规则库文件

图 4-29　规则库文件导入进度

（11）导入规则库完成之后，系统将自动执行规则库文件，如图 4-30 所示。

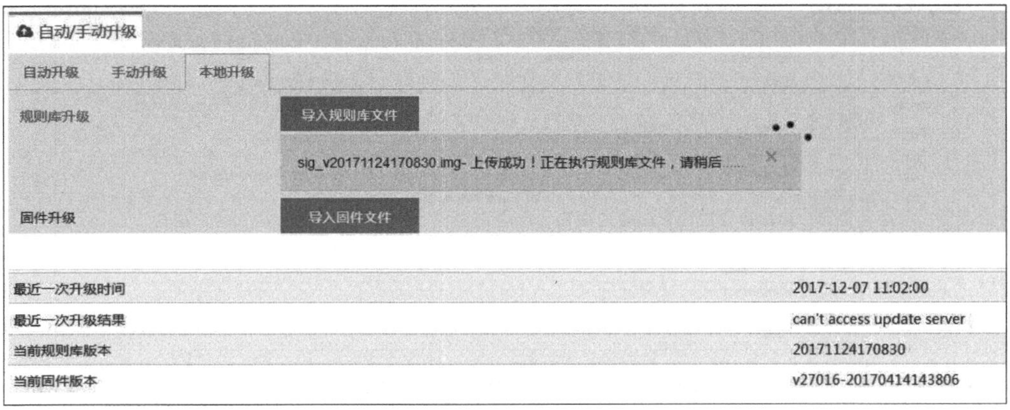

图 4-30 执行规则库文件

5）新建漏洞扫描任务

（1）进入管理机，重新打开浏览器，在地址栏中输入漏洞扫描系统的 IP 地址 "https://10.0.0.1"（以实际设备 IP 地址为准），打开漏洞扫描系统登录界面。使用系统管理员用户名/密码"admin/!1fw@2soc#3vpn"登录漏洞扫描系统，如图 4-31 所示。

图 4-31 管理员登录漏洞扫描界面

（2）登录漏洞扫描系统 Web 界面，如图 4-32 所示。

（3）在漏洞扫描系统 Web 界面中，单击左侧的"任务中心"→"新建任务"模块，在界面右侧选择"Web 扫描"，如图 4-33 所示。

（4）开始新建 Web 漏洞扫描任务，单击界面上方的"扫描基本配置"模块，输入"扫描目标"为"http://172.168.1.104/"，"任务名称"为"Web 扫描-DedeCMS 结果备份"，如图 4-34 所示。

（5）单击界面上方的"自主选择插件"模块，启用全部插件，如图 4-35 所示。

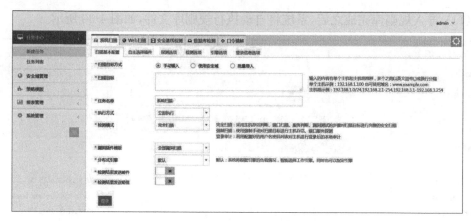

图 4-32　再次进入漏洞扫描系统界面

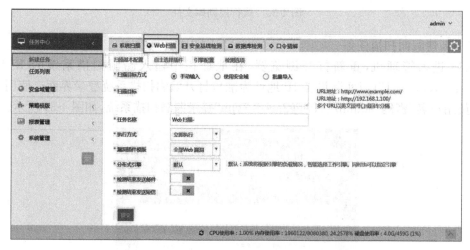

图 4-33　Web 扫描

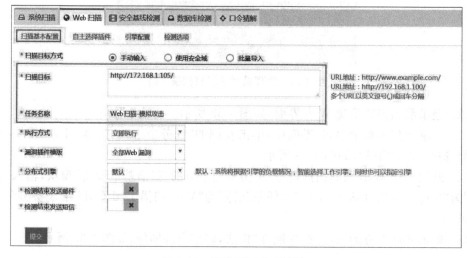

图 4-34　新建 Web 扫描任务

图 4-35 启用插件 1

（6）单击界面上方的"引擎配置"模块，可根据实际扫描需要对"并发线程数""区分大小写""最大类似页面数""同目录下最大页面数""重试次数""超时时间（秒）"及"代理类型"进行相应的配置，提高扫描效率和扫描质量。此示例中保持默认配置，可根据实际需要进行修改，如图 4-36 所示。

图 4-36 "引擎配置"1

（7）单击界面上方的"检测选项"模块，可对扫描任务的检测方式进行相应配置，包括"检测深度""爬虫策略""HTTP 请求头"等选项配置。此示例中保持默认配置，可根据实际需要进行修改，如图 4-37 所示。

（8）所有配置完成之后，返回"扫描基本配置"模块，单击"提交"按钮，如图 4-38所示。

（9）提交后，在任务列表中，可以查看新添加的名称为"Web 扫描-DedeCMS 结果备份"的 Web 漏洞扫描任务，如图 4-39 所示。

（10）在任务列表中，单击"刷新"按钮，更新扫描状态，等待任务结束，如图 4-40所示。

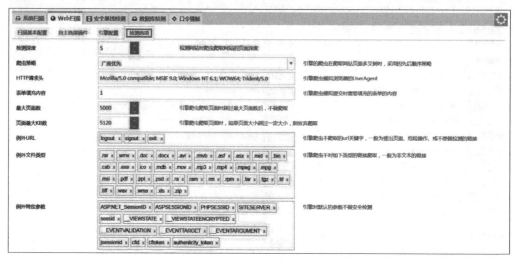

图 4-37　"检测选项"配置 1

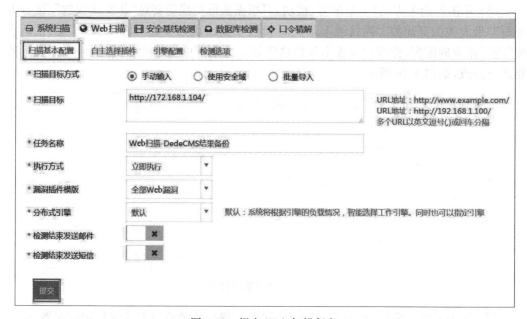

图 4-38　提交 Web 扫描任务

图 4-39　查看 Web 漏洞扫描任务

图 4-40　刷新任务

(11) 任务结束，如图 4-41 所示。

图 4-41　任务结束

6）备份扫描结果

(1) 单击界面左侧导航栏中的"系统管理"，再单击下方展开栏中的"漏洞检测备份"，如图 4-42 所示。

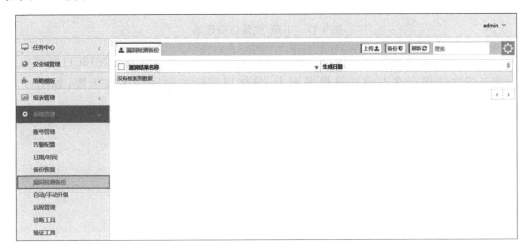

图 4-42　漏洞检测备份

(2) 单击界面右上角工具栏中的"备份"按钮，对系统中的漏洞扫描结果进行备份，如图 4-43 所示。

(3) 备份成功后，会在下方备份历史中显示漏洞结果名称及生成日期。此示例中备份时间为 2018 年 1 月 19 日 14 时 34 分 41 秒，备份文件名称为 jrbak-20180119143441.xls，具体以实际的时间和名称为准，如图 4-44 所示。

(4) 选中备份文件，界面右上角工具栏会增加"下载"和"删除"两个功能，如图 4-45 所示。

(5) 单击界面右上角工具栏中的"下载"，可将备份数据导出到本地计算机，用户可下

图 4-43　备份漏洞扫描结果

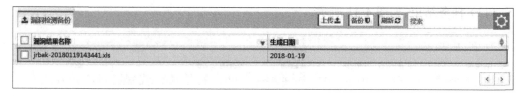

图 4-44　备份成功

图 4-45　下载/删除备份数据

载和查看详细的漏洞扫描结果信息。此示例中选中备份文件为 jrbak-20180119143441.
xls,将备份文件保存在本地计算机桌面上,具体以实际的时间和名称为准,如图 4-46
所示。

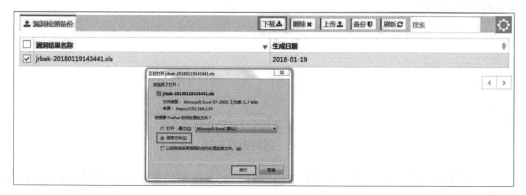

图 4-46　下载备份数据

7) 备份扫描任务

(1) 在管理机中打开浏览器,在地址栏中输入漏洞扫描系统的 IP 地址"https://10.
0.0.1"(以实际设备 IP 地址为准),打开漏洞扫描系统登录界面。使用系统管理员用户
名/密码"admin/!1fw@2soc#3vpn"登录漏洞扫描系统。

(2) 登录漏洞扫描系统 Web 界面。

（3）单击界面左侧导航栏中的"系统管理"，再单击下方展开栏中的"备份恢复"，如图 4-47 所示。

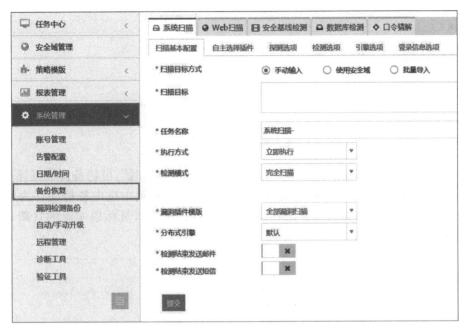

图 4-47　备份与恢复

（4）单击界面右上角工具栏中的"备份"按钮，进行系统备份，如图 4-48 所示。

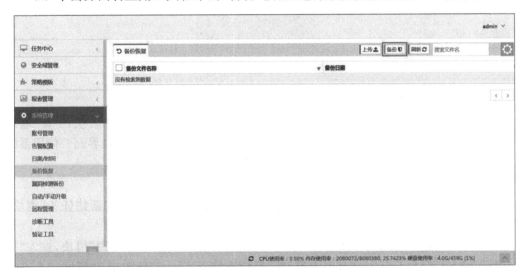

图 4-48　浏览系统备份

（5）备份成功后，会在下方备份历史中显示备份文件名称及备份日期。此示例中备份时间为 2018 年 1 月 18 日 16 时 15 分 35 秒，备份文件名称为 bakup-20180118161535. bak，具体以实际的时间和名称为准，如图 4-49 所示。

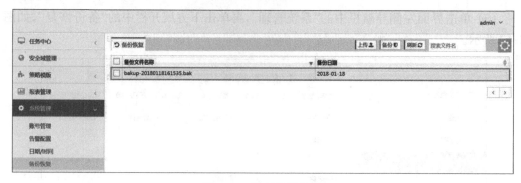

图 4-49　找到备份数据

（6）选中任一备份文件，单击界面右上角工具栏中的"下载"，可将备份数据导出到本地设备的任一目录下，以便在其他设备上恢复系统。此示例中选中备份文件为 bakup-20180118161535.bak，将备份文件保存在本地计算机桌面上，具体以实际的日期和名称为准，如图 4-50 所示。

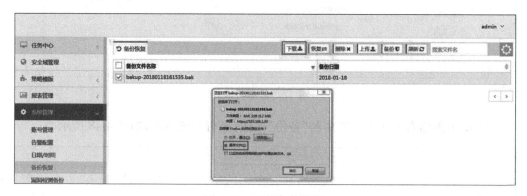

图 4-50　下载备份数据

8）新建系统漏洞扫描任务

（1）进入管理机，重新打开浏览器，在地址栏中输入漏洞扫描系统的 IP 地址"https://10.0.0.1"（以实际设备 IP 地址为准），打开漏洞扫描系统登录界面。使用系统管理员用户名/密码"admin/！1fw@2soc♯3vpn"登录漏洞扫描系统。

（2）登录漏洞扫描系统 Web 界面。

（3）在漏洞扫描系统 Web 界面中，单击界面左侧的"任务中心"→"新建任务"模块，在界面右侧选择"系统扫描"，如图 4-51 所示。

（4）开始新建系统漏洞扫描任务，单击界面左上角的"扫描基本配置"模块，输入"扫描目标"为"172.168.1.108"，"任务名称"为"系统扫描-YXcms"，如图 4-52 所示。

（5）单击界面上方工具栏中的"自主选择插件"模块，可对扫描任务使用的插件进行修改，如图 4-53 所示。

（6）进入"自主选择插件"模块，单击某一插件前的"已启用"可禁用该插件，再次单击"已禁用"可重新启用该插件，实现插件库的自定义。此处保持默认配置，即启用全部插件，如图 4-54 所示。

图 4-51　进入系统扫描界面

图 4-52　新建系统漏洞扫描任务

图 4-53　白主选择插件 2

图 4-54　修改插件 2

（7）单击界面上方的"探测选项"模块，可设置是否进行主机存活测试以及配置端口扫描方式及扫描范围。除默认配置外，需勾选"UDP PING"复选框，如图 4-55 所示。

图 4-55　"探测选项"配置 2

（8）单击界面上方的"检测选项"模块，可对扫描任务的检测方式进行相应配置。此处保持默认配置，可根据实际需要进行修改，如图 4-56 所示。

（9）单击界面上方的"引擎选项"模块，可对扫描任务引擎进行相应配置。包括对"单个主机检测并发数""单个主机 TCP 连接数""单个扫描 TCP 连接数"等选项进行配置。此处保持默认配置，可根据实际需要进行修改，如图 4-57 所示。

（10）单击界面上方的"登录信息选项"模块，可根据扫描任务需要对扫描任务登录信息进行相应配置，包括"预设登录账号""数据库类型""微软 WSUS 账号"和"微软 WSUS 密码"等信息。此处保持默认配置，可根据实际需要进行修改，如图 4-58 所示。

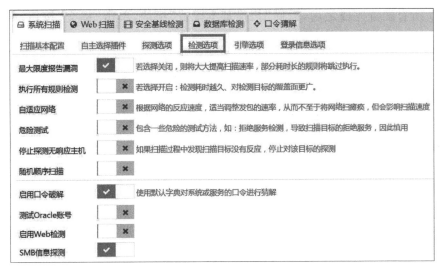

图 4-56 "检测选项"配置 2

图 4-57 "引擎选项"配置 2

图 4-58 "登录信息选项"配置 2

（11）所有配置完成之后，返回"扫描基本配置"模块，单击"提交"按钮，如图 4-59 所示。

图 4-59　提交系统扫描任务

（12）提交后，在任务列表中，可以查看新添加的名称为"系统扫描-YXcms"的系统漏洞扫描任务，如图 4-60 所示。

图 4-60　查看系统漏洞扫描任务

（13）在任务列表中，可以对选中的任务进行编辑或删除，也可单击"刷新"，更新扫描状态，如图 4-61 所示。

图 4-61　刷新找出系统扫描任务

（14）单击图 4-61 中的"编辑"，进入系统扫描任务的编辑界面，可以对"任务名称"
"执行方式""漏洞插件模板"及"分布式引擎"重新进行编辑，编辑完成后单击"提交"按钮，如图 4-62 所示。

图 4-62　重新编辑系统漏洞扫描任务

（15）系统扫描任务结束后，"任务列表"中显示扫描任务名称为"系统扫描-YXcms"的"开始时间""结束时间""检测耗时"以及"进度"，如图 4-63 所示。

图 4-63　系统漏洞扫描任务执行结束

9）新建 Web 漏洞扫描任务

（1）进入管理机，重新打开浏览器，在地址栏中输入漏洞扫描系统的 IP 地址"https://10.0.0.1"（以实际设备 IP 地址为准），打开漏洞扫描系统登录界面。使用系统管理员用户名/密码"admin/!1fw@2soc♯3vpn"登录漏洞扫描系统。

（2）登录漏洞扫描系统 Web 界面。

（3）在漏洞扫描系统 Web 界面中，单击界面左侧的"任务中心"→"新建任务"模块，在界面右侧选择"Web 扫描"，如图 4-64 所示。

（4）开始新建 Web 漏洞扫描任务，单击界面上方的"扫描基本配置"模块，输入"扫描目标"为"http://172.168.1.104/"，输入"任务名称"为"Web 扫描-DedeCMS"，如图 4-65 所示。

（5）单击界面上方的"自主选择插件"模块，单击某一插件前的"已启用"可禁用该插件，单击"已禁用"可重新启用该插件，实现插件库自定义。此处保持默认配置，即启用全部插件，如图 4-66 所示。

（6）单击界面上方的"引擎配置"模块，可根据实际扫描需要对"并发线程数""区分大

图 4-64　Web 扫描

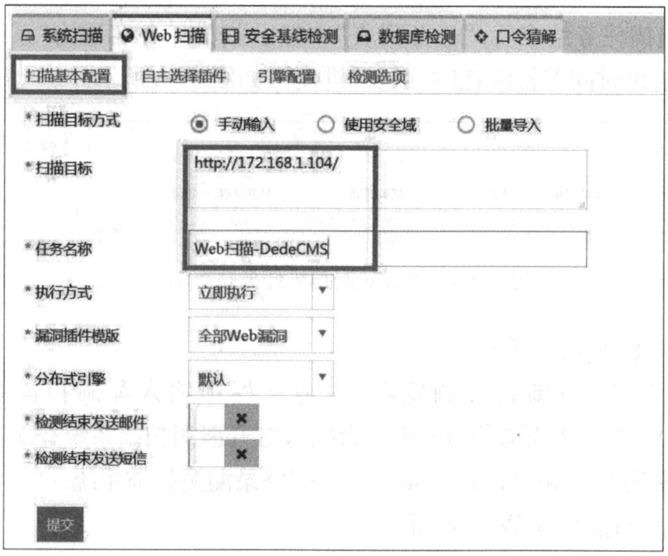

图 4-65　新建 Web 扫描任务

小写""最大类似页面数""同目录下最大页面数""重试次数""超时时间(秒)"及"代理类型"进行相应的配置,提高扫描效率和扫描质量。此处保持默认配置,可根据实际需要进行修改,如图 4-67 所示。

(7) 单击界面上方的"检测选项"模块,可对扫描任务的检测方式进行相应配置,包括"检测深度""爬虫策略""HTTP请求头"等选项配置。此处保持默认配置,可根据实际需要进行修改,如图 4-68 所示。

图 4-66 修改插件 3

图 4-67 "引擎配置"3

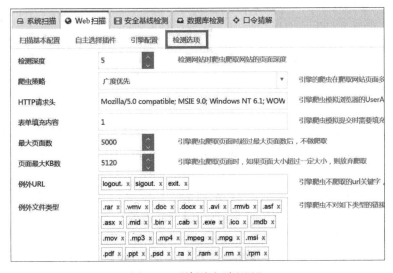

图 4-68 "检测选项配置"3

（8）所有配置完成之后，返回"扫描基本配置"模块，单击"提交"按钮，如图 4-69 所示。

图 4-69　提交 Web 扫描任务

（9）提交后，在任务列表中，可以查看新添加的名称为"Web 扫描-DedeCMS"的 Web 漏洞扫描任务，如图 4-70 所示。

图 4-70　查看 Web 漏洞扫描任务

（10）在任务列表中，可以对选中的任务进行编辑或删除，也可单击"刷新"，更新扫描状态，如图 4-71 所示。

图 4-71　编辑 Web 扫描任务

（11）若单击图 4-71 中的"编辑"，则进入 Web 扫描任务的编辑界面，可以对"任务名称""执行方式""漏洞插件模板"及"分布式引擎"重新进行编辑，编辑完成后单击"提交"按钮，如图 4-72 所示。

（12）Web 扫描任务结束后，"任务列表"中显示扫描任务名称为"Web 扫描-DedeCMS"的"开始时间""结束时间""检测耗时"和"进度"，如图 4-73 所示。

10）新建数据库漏洞扫描任务

（1）进入管理机，重新打开浏览器，在地址栏中输入漏洞扫描系统的 IP 地址"https://10.0.0.1"（以实际设备 IP 地址为准），打开漏洞扫描系统登录界面。使用系统

图 4-72　重新编辑 Web 漏洞扫描任务

图 4-73　系统扫描任务结束

管理员用户名/密码"admin/！1fw@2soc♯3vpn"登录漏洞扫描系统。

（2）登录漏洞扫描系统 Web 界面。

（3）在漏洞扫描系统 Web 界面中，单击左侧的"任务中心"→"新建任务"模块，在界面右侧选择"数据库检测"，如图 4-74 所示。

图 4-74　"数据库检测"界面

（4）开始新建数据库扫描任务，单击界面上方的"检测基本配置"模块，输入"扫描目标"为"172.168.1.135"，"任务名称"为"数据库检测-W3SP2"，如图 4-75 所示。

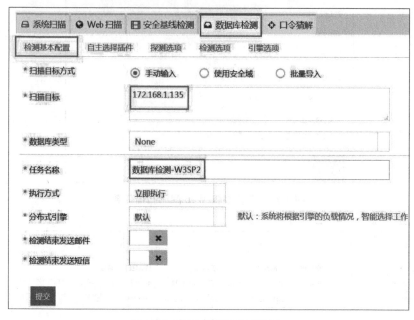

图 4-75　新建数据库扫描任务

（5）单击界面上方的"自主选择插件"模块，单击某一插件前的"已启用"可禁用该插件，单击"已禁用"可重新启用该插件，实现插件库自定义。此处保持默认配置，即启用全部插件，如图 4-76 所示。

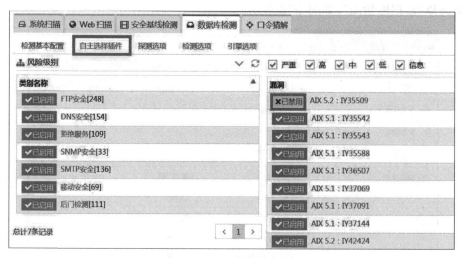

图 4-76　修改插件 4

（6）单击界面上方的"探测选项"模块，可配置"主机存活测试""端口扫描方式"以及"端口扫描范围"。此处保持默认配置，可根据实际需要进行修改，如图 4-77 所示。

图 4-77　"探测选项配置"4

（7）单击界面上方的"检测选项"模块，可对扫描任务的检测方式进行相应配置。此处保持默认配置，可根据实际需要进行修改，如图 4-78 所示。

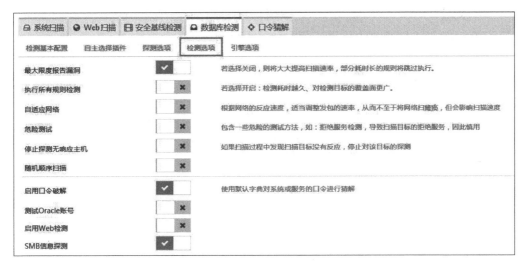

图 4-78　"检测选项配置"4

（8）单击界面上方的"引擎选项"模块，可对扫描任务引擎进行相应配置，包括对"单个主机检测并发数""单个扫描任务并发主机数""单个主机 TCP 连接数"等进行相应的配置。此处保持默认配置，可根据实际需要进行修改，如图 4-79 所示。

（9）所有配置完成之后，返回"扫描基本配置"模块，单击"提交"按钮，如图 4-80所示。

（10）提交后，在任务列表模块中，可以查看新添加的名称为"数据库检测-W3SP2"的数据库漏洞扫描任务，如图 4-81 所示。

（11）在"任务列表"模块中，可以对选中的任务进行编辑或删除，也可单击"刷新"，更新扫描状态，如图 4-82 所示。

（12）单击图 4-82 中的"编辑"，进入数据库扫描任务的编辑界面，可以对"任务名称"

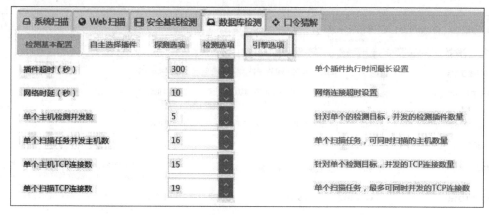

图 4-79 "引擎选项配置"4

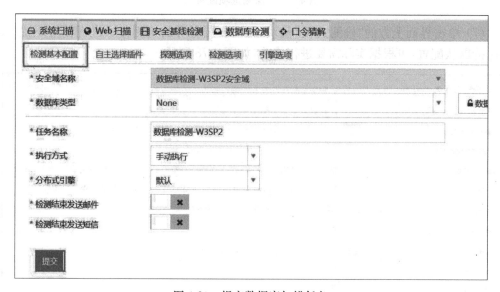

图 4-80 提交数据库扫描任务

图 4-81 查看数据库漏洞扫描任务

图 4-82 编辑数据库检测任务

“执行方式”及“分布式引擎”重新进行编辑，编辑完成后单击“提交”按钮，如图 4-83 所示。

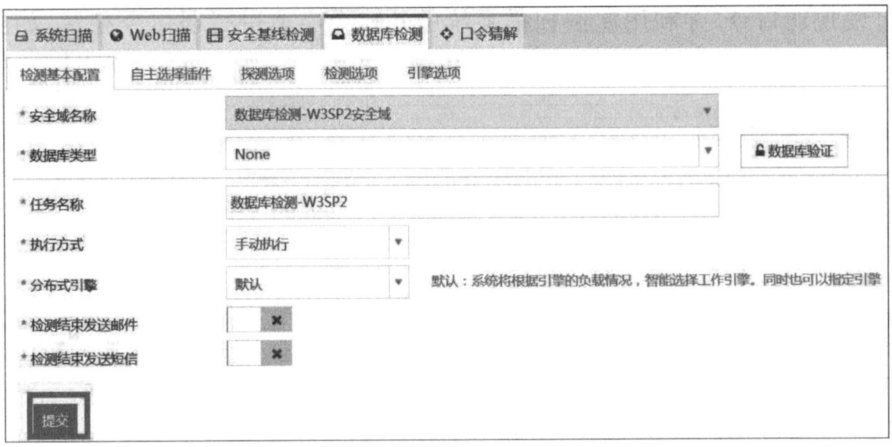

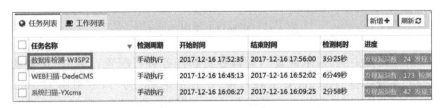

图 4-83　重新编辑数据库漏洞扫描任务

(13) 返回“任务列表”界面，等待任务执行结束。扫描任务结束后，“任务列表”中将显示扫描任务名称为“数据库检测-W3SP2”的“开始时间”“结束时间”“检测耗时”以及“进度”，如图 4-84 所示。

任务名称	检测周期	开始时间	结束时间	检测耗时	进度
数据库检测-W3SP2	手动执行	2017-12-16 17:52:35	2017-12-16 17:56:00	3分25秒	发现漏洞数：24 发现
WEB扫描-DedeCMS	手动执行	2017-12-16 16:45:13	2017-12-16 16:52:02	6分49秒	发现漏洞数：173 检测
系统扫描-YXcms	手动执行	2017-12-16 16:06:27	2017-12-16 16:09:25	2分58秒	发现漏洞数：42 发现

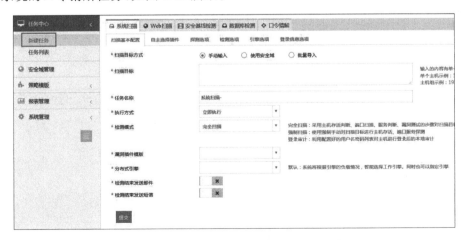

图 4-84　数据库漏洞扫描任务执行结束

11) 新建基于操作系统的口令猜解任务

(1) 返回漏洞扫描系统的主界面。单击“任务中心”下的“新建任务”模块，新建基于操作系统的口令猜解任务，如图 4-85 所示。

图 4-85　漏洞扫描系统界面

（2）单击界面上方工具栏中的"口令猜解"，添加口令猜解任务，通过对系统安全域进行扫描，发现弱口令，并利用漏洞扫描系统中的口令字典进行弱口令猜解，如图 4-86 所示。

图 4-86　添加口令猜解任务 1

（3）单击工具栏中的"基本配置"，对口令猜解任务进行配置。单击"安全域名称"下拉菜单，选择"系统扫描-YXcms 安全域"；输入"任务名称"为"口令猜解-caozuoxitong"；设置"执行方式"为"立即执行"；此实验中勾选全部"服务类型"和"数据库类型"中的复选框，可根据实际需要进行修改，如图 4-87 所示。

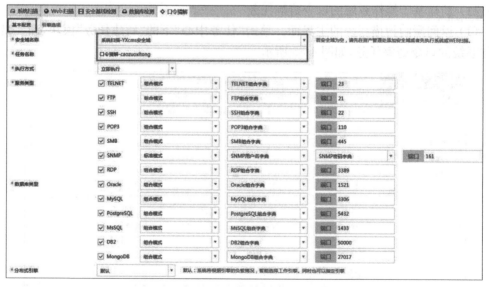

图 4-87　添加基于操作系统的口令猜解任务

（4）单击"引擎选项"进行口令猜解引擎配置，包括对单个服务进行口令猜解的探测速度和并发线程数配置。配置完成后，返回"基本配置"界面，单击界面下方的"提交"按钮，即可添加口令猜解任务，如图 4-88 所示。

图 4-88　引擎选项配置 5

（5）任务提交后，单击界面左侧的"任务列表"，可以查看新添加的口令猜解任务，如图 4-89 所示。

图 4-89　打开任务列表 1

（6）在"任务列表"模块中，可以对选中的任务进行编辑或删除，也可单击"刷新"刷新任务执行状态，更新扫描状态，如图 4-90 所示。

图 4-90　编辑或删除口令猜解的任务 1

（7）单击图 4-90 中的"编辑"按钮，进入口令猜解任务的编辑界面，可以对"任务名称""执行方式""服务类型"及"数据库类型"重新进行编辑，编辑完成后单击"提交"按钮，如图 4-91 所示。

（8）返回"任务列表"界面，等待基于操作系统的口令猜解任务执行结束，如图 4-92 所示。

12）新建基于协议的口令猜解任务

（1）返回漏洞扫描系统界面。单击"任务中心"下的"新建任务"，新建基于协议的口令猜解任务，如图 4-93 所示。

（2）单击界面上方工具栏中的"口令猜解"模块，添加口令猜解任务，通过对系统安全域进行扫描，发现弱口令，并利用漏洞扫描系统中的口令字典进行弱口令猜解，如图 4-94 所示。

图 4-91　重新编辑口令猜解任务 1

□ 口令猜解-caozuoxitong	手动执行	2017-12-13 13:18:47	2017-12-13 13:19:30	43秒	发现弱口令：2
□ 口令猜解-xieyi	手动执行	2017-12-13 15:15:51	2017-12-13 15:32:52	17分1秒	发现弱口令：3
□ 口令猜解-W3SP2	手动执行	2017-12-05 10:07:09	2017-12-05 10:07:19	10秒	发现弱口令：2

图 4-92　基于系统的口令猜解任务执行结束

图 4-93　漏洞扫描系统界面

图 4-94 添加口令猜解任务 2

(3) 单击工具栏中的"基本配置"模块,对口令猜解任务进行配置。单击"安全域名称"下拉菜单,选择"系统扫描-YXcms 安全域";输入"任务名称"为"口令猜解-xieyi";设置"执行方式"为"立即执行";设置"服务类型"为 FTP 协议,如图 4-95 所示。

图 4-95 添加基于协议的口令猜解任务

(4) 单击"引擎选项"进行口令猜解引擎配置,包括对单个服务进行口令猜解的探测速度和并发线程数配置。此处保持默认配置,可根据实际需要进行修改,如图 4-96 所示。

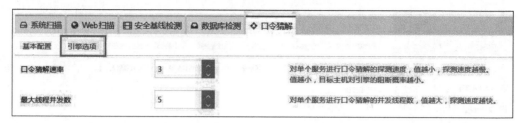

图 4-96 "引擎选项"配置 6

（5）返回"基本配置"界面，单击界面下方的"提交"按钮，开始执行基于协议的口令猜解任务，如图 4-97 所示。

图 4-97 提交口令猜解任务 2

（6）提交后，在"任务列表"模块中，可以查看新添加的口令猜解任务，如图 4-98 所示。

图 4-98　进入任务列表查询 2

（7）在任务列表模块中，可以对选中的任务进行编辑或删除，也可单击"刷新"按钮，更新扫描状态，如图 4-99 所示。

图 4-99　编辑口令猜解任务 2

（8）单击"编辑"按钮，进入口令猜解任务的编辑界面，可以对"安全域名称""任务名称""执行方式""服务类型"及"数据库类型"重新进行编辑，编辑完成后单击"提交"按钮，如图 4-100 所示。

基本配置	引擎选项	
* 安全域名称	系统扫描-YXcms安全域	
* 任务名称	口令猜解-xieyi	
* 执行方式	手动执行	▼
* 服务类型	☐ TELNET	组合模式 ▼
	☑ FTP	组合模式 ▼
	☐ SSH	组合模式 ▼
	☐ POP3	组合模式 ▼
	☐ SMB	组合模式 ▼
	☐ SNMP	标准模式 ▼
	☐ RDP	组合模式 ▼
* 数据库类型	☐ Oracle	组合模式 ▼
	☐ MySQL	组合模式 ▼
	☐ PostgreSQL	组合模式 ▼
	☐ MsSQL	组合模式 ▼
	☐ DB2	组合模式 ▼
	☐ MongoDB	组合模式 ▼
* 分布式引擎	默认	▼
* 检测结束发送邮件	✖	
* 检测结束发送短信	✖	
提交		

图 4-100　重新编辑口令猜解任务 2

(9) 返回"任务列表"界面,等待基于协议的口令猜解任务执行结束,如图 4-101 所示。

☐ 口令猜解-caozuoxitong	手动执行	2017-12-13 13:18:47	2017-12-13 13:19:30	43秒
☐ 口令猜解-xieyi	手动执行	2017-12-13 15:15:51	2017-12-13 15:32:52	17分1秒
☐ 口令猜解-W3SP2	手动执行	2017-12-05 10:07:09	2017-12-05 10:07:19	10秒

图 4-101　基于协议的口令猜解任务执行结果

13) 新建基于数据库的口令猜解任务

(1) 返回漏洞扫描系统界面,单击界面左侧工具栏中"任务中心"下的"新建任务",新建基于数据库的口令猜解任务,如图 4-102 所示。

图 4-102　漏洞扫描系统界面

(2) 单击界面上方工具栏中的"口令猜解"模块,添加猜解任务,通过对数据库安全域进行扫描,发现弱口令,并利用系统中的口令字典进行弱口令猜解,如图 4-103 所示。

(3) 单击界面上方工具栏中的"基本配置"模块,"安全域名称"输入"数据库检测-W3SP2 安全域","任务名称"输入"口令猜解-W3SP2","执行方式"设置为"立即执行","数据库类型"勾选 MsSQL 复选框,如图 4-104 所示。

(4) 单击"引擎选项"进行口令猜解引擎配置,包括对单个服务进行口令猜解的探测速度和并发线程数配置。此处保持默认配置,可根据实际需要进行修改。配置完成后,返回"基本配置"界面,单击界面下方的"提交"按钮,即可添加口令猜解任务,如图 4-105 所示。

(5) 提交任务后,单击界面左侧的"任务列表",在"任务列表"模块中,可以查看新添加的口令猜解任务,如图 4-106 所示。

图 4-103　口令猜解界面 3

图 4-104　添加口令猜解任务 3

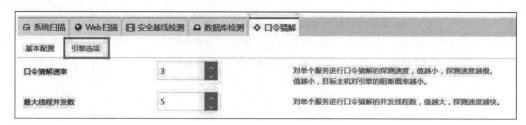

图 4-105　"引擎选项"配置 7

图 4-106　任务列表 3

（6）在任务列表模块中，可以对选中的任务进行编辑或删除，也可单击"刷新"，更新扫描状态，如图 4-107 所示。

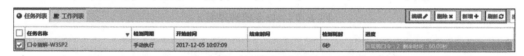

图 4-107　编辑任务 3

（7）单击"编辑"按钮，进入口令猜解任务的编辑界面，可以对"安全域名称""任务名称""执行方式""服务类型"及"数据库类型"重新进行编辑，编辑完成后单击"提交"按钮，如图 4-108 所示。

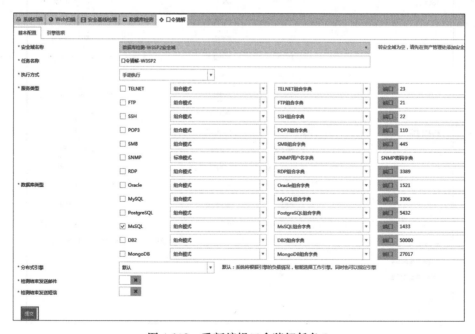

图 4-108　重新编辑口令猜解任务 3

（8）返回"任务列表"界面,等待基于数据库的口令猜解任务执行结束,如图 4-109
所示。

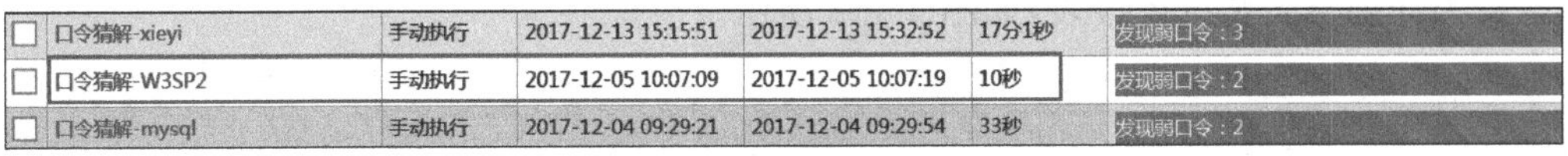

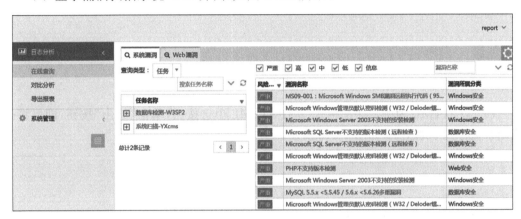

图 4-109　任务执行结束 3

14）导出漏洞检测报告

（1）在管理机中打开浏览器,在地址栏中输入漏洞扫描系统的 IP 地址"https://10.
0.0.1"(以实际设备 IP 地址为准),打开漏洞扫描系统登录界面。使用报表管理员用户
名/密码"report/report"登录漏洞扫描系统。

（2）登录漏洞扫描系统 Web 界面,如图 4-110 所示。

图 4-110　漏洞扫描系统 Web 界面

（3）单击界面左侧导航栏中的"日志分析"→"导出报表",可将漏洞检测结果下载到
本地主机,如图 4-111 所示。

图 4-111　"导出报表"界面

（4）"选择导出对象"选中"系统扫描安全域"单选按钮，"指定安全域"设置为"系统扫描-YXcms安全域"，"导出格式"可选择 HTML、Word、PDF、Excel 和 XML。"导出方式"可设置为详细报表和统计报表，如图 4-112 所示。

图 4-112　输出系统扫描报表 1

（5）以 HTML 为例，"导出格式"选中 HTML 单选按钮，单击"导出"按钮，即可将扫描结果保存到本地主机，如图 4-113 所示。

图 4-113　下载系统扫描报表 1

（6）返回"导出报表"模块，"选择导出对象"选中"Web 扫描安全域"单选按钮，"指定安全域"设置为"Web 扫描-DedeCMS 安全域"，"导出格式"可选择 HTML、Word、PDF、Excel 和 XML。"导出方式"可设置为详细报表或统计报表，如图 4-114 所示。

（7）以 HTML 为例，"导出格式"选中 HTML 单选按钮，单击"导出"按钮，即可将扫描结果保存到本地主机，如图 4-115 所示。

（8）返回"导出报表"模块，"选择导出对象"选中"系统扫描安全域"单选按钮，"指定

图 4-114　输出系统扫描报表 1

图 4-115　下载 Web 扫描报表 1

安全域"设置为"数据库检测-W3SP2 安全域","导出格式"可选择 HTML、Word、PDF、Excel 和 XML。"导出方式"可设置为详细报表或统计报表,如图 4-116 所示。

（9）以 HTML 为例,"导出格式"选中 HTML 单选按钮,单击"导出"按钮,即可将扫描结果保存到本地主机,如图 4-117 所示。

【实验预期】

（1）系统管理员在漏洞扫描系统中,可通过"系统管理"的"远程管理"模块添加远程管理信息,限制访问漏洞扫描系统的 IP 地址和访问类型。

（2）张经理登录 M_zhang 账号,可查看设备的审计日志。

（3）系统管理员在漏洞扫描系统中,可通过"系统管理"的"自动/手动升级"模块对漏洞扫描系统版本或规则库版本进行管理,通过本地升级进行规则库升级。

（4）系统管理员在漏洞扫描系统中,可通过"系统管理"的"漏洞检测备份"模块对漏洞扫描结果进行备份并将备份文件导出至本地计算机中,供用户下载和查看。

图 4-116　输出报表 2

图 4-117　下载报表 2

（5）系统管理员在漏洞扫描系统中，可通过"系统管理"的"备份恢复"模块对漏洞扫描系统进行备份，并将备份数据导出至本地计算机。

（6）系统管理员对目标系统进行漏洞扫描，根据扫描得到的漏洞信息，生成扫描报告，包括漏洞风险分布、漏洞列表和开放端口。

（7）系统管理员对目标网站进行 Web 漏洞扫描，根据扫描到的漏洞信息，生成扫描结果报告。

（8）系统管理员对目标数据库进行漏洞扫描，根据扫描到的漏洞信息，生成扫描结果报告。

（9）系统管理员可通过口令猜解模块对某个系统设备或用户主机操作系统进行弱口令扫描，并将口令猜解结果包括弱口令的服务、端口、用户名及密码进行展示。

（10）系统管理员可通过口令猜解模块对某个对系统中开放的端口所使用协议进行弱口令扫描，并将口令猜解结果包括弱口令的服务、端口、用户名及密码进行展示。

（11）系统管理员在漏洞扫描系统中，可通过口令猜解模块对数据库进行弱口令扫描，并将口令猜解结果包括弱口令的服务、端口、用户名及密码进行展示。

（12）报表管理员在漏洞扫描系统中，可通过"日志分析"的"导出报表"模块将指定安全域的扫描结果导出到本地主机。

【实验结果】

1）允许"172.168.2.0/24"网段访问漏洞扫描系统

（1）登录实验平台，找到该实验对应拓扑图，打开右侧的 WXPSP3 虚拟机，如图 4-118 所示。

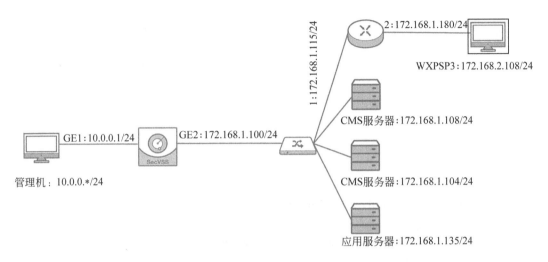

图 4-118　登录右侧虚拟机 WXPSP3

（2）在虚拟机的桌面找到火狐浏览器并打开，如图 4-119 所示。

图 4-119　打开火狐浏览器 2

（3）在浏览器地址栏中输入漏洞扫描系统的 IP 地址"https：//172.168.1.100"（以实际设备 IP 地址为准），跳转"不安全连接"界面，单击"高级"按钮，单击"添加例外…"按钮，如图 4-120 所示。

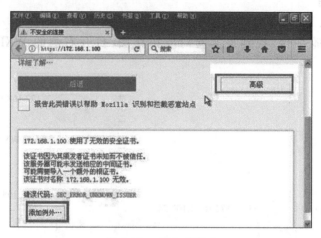

图 4-120　添加例外 2

（4）进入"确认添加安全例外"界面，单击"确认安全例外（C）"按钮，如图 4-121 所示。

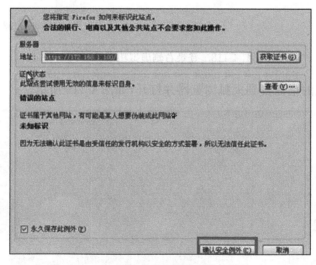

图 4-121　成功登录漏洞扫描系统 2

（5）确认添加例外成功之后将自动进入漏洞扫描系统登录界面，表示使用 HTTPS 方式访问漏洞扫描系统成功，输入系统管理员用户名/密码"admin/！1fw@2soc＃3vpn"即可登录漏洞扫描系统，如图 4-122 所示。

2）使用 M_zhang 账号登录成功

（1）在管理机中打开浏览器，在地址栏中输入漏洞扫描系统的 IP 地址"https：//10.0.0.1"（以实际设备 IP 地址为准），打开漏洞扫描系统登录界面。使用新增账号的用户名/密码"M_zhang/ M_zhang"登录漏洞扫描系统，如图 4-123 所示。

图 4-122 成功登录漏洞扫描系统 2

图 4-123 M_zhang 账号登录漏洞扫描系统 2

（2）使用 M_zhang 账号登录漏洞扫描系统后，此账号拥有查看漏洞扫描设备的审计日志的功能，为张经理创建审计账号成功，如图 4-124 所示。

3）查看漏洞扫描系统升级后的规则库版本

（1）在管理机中打开浏览器，在地址栏中输入漏洞扫描系统的 IP 地址"https://10.0.0.1"（以实际设备 IP 地址为准），打开漏洞扫描系统登录界面。使用系统管理员用户名/密码"admin/!1fw@2soc#3vpn"登录漏洞扫描系统。

（2）在漏洞扫描系统 Web 界面中，单击左侧的"系统管理"→"自动/手动升级"模块，选择"本地升级"。升级文件执行完成后，在界面下方可查看当前规则库版本、当前固件版本及最近一次升级的时间和结果，如图 4-125 所示。

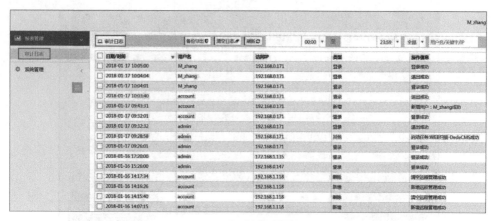

图 4-124　漏洞扫描面板界面 2

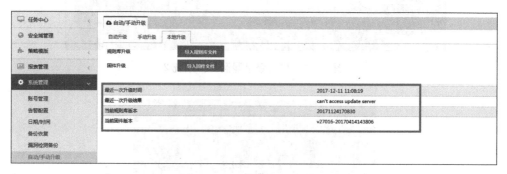

图 4-125　系统升级相关信息

4）查看备份后的扫描结果

（1）扫描结果文件下载成功后，以 Excel 文件格式保存至本地计算机，如图 4-126 所示。

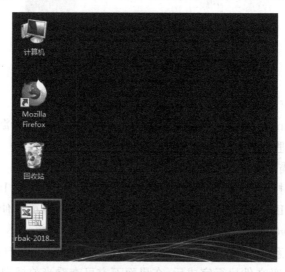

图 4-126　漏洞扫描结果备份下载成功

（2）打开扫描结果文件，可以查看扫描结果的详细信息，包括扫描目标 IP 地址、主机信息、Web 网站名称、开放端口、使用协议、用户名及口令等，如图 4-127 所示。

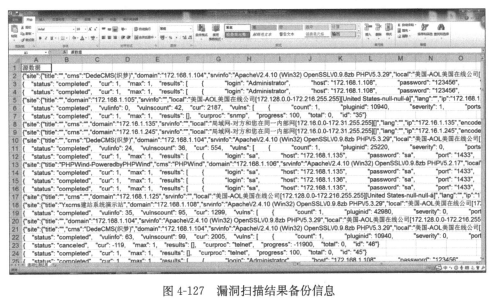

图 4-127　漏洞扫描结果备份信息

5）扫描任务备份成功

备份文件下载成功后，会保存至本地计算机。此示例中，备份文件保存至本地计算机桌面，如图 4-128 所示。

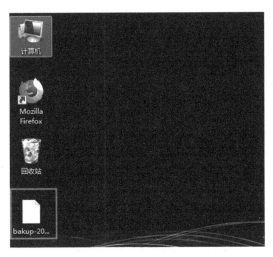

图 4-128　漏洞扫描系统配置备份文件下载成功

6）查看系统扫描结果

（1）系统漏洞扫描结束后，单击名称为"系统扫描-YXcms"的任务，查看漏洞扫描结果，如图 4-129 所示。

（2）在任务的"主机列表"模块查看"检测进度""主机漏洞排名"和"漏洞风险分布"，

图 4-129　系统漏洞扫描详细结果

如图 4-130 所示。

图 4-130　系统漏洞扫描详细结果

（3）在任务的"漏洞列表"模块查看漏洞的"风险级别""漏洞名称""漏洞所属分类"及"总计"，如图 4-131 所示。

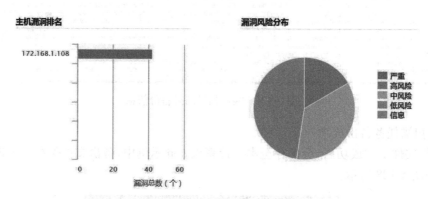

图 4-131　漏洞列表 1

（4）在任务的"端口列表"模块查看系统中开放的端口以及端口对应的服务,如图 4-132 所示。

图 4-132　开放端口列表 1

（5）在任务的"历史执行记录"模块查看此任务的执行记录,如图 4-133 所示。

图 4-133　历史执行记录 1

7）查看 Web 扫描结果

（1）Web 漏洞扫描结束后,单击名称为"Web 扫描-DedeCMS"的任务,查看漏洞扫描结果,如图 4-134 所示。

	任务名称		检测周期	开始时间	结束时间	检测耗时	进度
☐	Web扫描-DedeCMS	▼	手动执行	2017-12-16 16:4...	2017-12-16 16:5...	6分49秒	发现漏洞数：173 检测网页数：1065
☐	系统扫描-YXcms		手动执行	2017-12-16 16:0...	2017-12-16 16:0...	2分58秒	发现漏洞数：42 发现主机数：1

图 4-134　Web 漏洞扫描详细结果

（2）在任务的"主机列表"模块查看"检测进度""主机漏洞排名"和"漏洞风险分布",如图 4-135 所示。

（3）在任务的"漏洞列表"模块查看漏洞的"风险级别""漏洞名称""漏洞所属分类"及"总计",如图 4-136 所示。

（4）在任务的"历史执行记录"模块查看此任务的执行记录,如图 4-137 所示。

8）查看数据库扫描结果

（1）数据库漏洞扫描结束后,单击名称为"数据库检测-W3SP2"的任务,查看漏洞扫描结果,如图 4-138 所示。

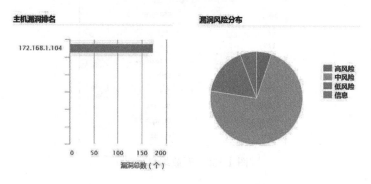

图 4-135　Web 漏洞扫描详细结果

风险级别	漏洞名称	漏洞所属分类	总计
高风险	跨站脚本攻击漏洞（注释）	A3 跨站脚本（XSS）	9
中风险	启用了目录列表	A6 敏感信息泄漏	123
中风险	域名访问限制不严格	A5 安全配置错误	1
中风险	robots.txt暴露网站结构	A5 安全配置错误	1
低风险	Cookie未配置HttpOnly标志	A2 失效的身份认证和会话管理	1
低风险	SetCookie未配置Secure	A2 失效的身份认证和会话管理	1
低风险	发现内网IP地址	A6 敏感信息泄漏	7
低风险	未指定返回页面类型	A6 敏感信息泄漏	10
低风险	用户认证信息明文传输	A2 失效的身份认证和会话管理	1
低风险	未禁用密码表单自动完成属性	A2 失效的身份认证和会话管理	5

图 4-136　漏洞列表 2

图 4-137　历史执行记录 2

图 4-138　Web 漏洞扫描详细结果 2

（2）在任务的"主机列表"模块查看"检测进度""主机漏洞排名"和"漏洞风险分布"，如图 4-139 所示。

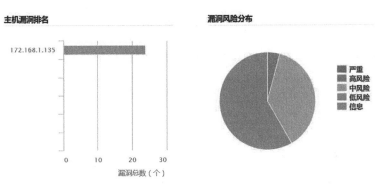

图 4-139　数据库漏洞扫描详细结果 2

（3）在任务的"漏洞列表"模块查看漏洞的"风险级别""漏洞名称""漏洞所属分类"及"总计"，如图 4-140 所示。

风险级别	漏洞名称	漏洞所属分类	总计
高风险	Microsoft SQL Server默认凭据	数据库安全	1
中风险	TLS填充Oracle信息泄露漏洞（TLS POODLE）	通用	1
中风险	SSLv3在降级的旧版加密漏洞（POODLE）	通用	1
中风险	支持SSL弱密码套件	通用	1
中风险	SSL版本2和3协议检测	服务探测	1
中风险	SSL自签证书	通用	1
中风险	支持SSL RC4密码套件（酒吧Mitzvah）	通用	1
中风险	支持SSL中等强度密码套件	通用	1
中风险	具有错误主机名的SSL证书	通用	1
中风险	SSL证书不能信任	通用	1
低风险	支持SSL会话恢复	通用	1
低风险	支持SSL密码套件	通用	1
低风险	支持SSL密码块链接密码套件	通用	1
低风险	SSL证书信息	通用	1

图 4-140　漏洞列表 3

（4）在任务的"端口列表"模块查看系统中开放的端口以及端口对应的服务，如图 4-141 所示。

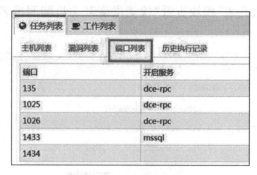

图 4-141 开放端口列表 3

（5）在任务的"历史执行记录"模块查看此任务的执行记录，如图 4-142 所示。

图 4-142 历史执行记录 3

9）查看基于操作系统的口令猜解任务结果

（1）口令猜解任务执行结束后，单击名称为"口令猜解-caozuoxitong"的任务，查看此次口令猜解任务的详细信息以及猜解结果，包括查看任务的"主机列表""弱口令列表"和"历史执行记录"，如图 4-143 所示。

图 4-143 查看口令猜解任务详细信息 3

（2）在"主机列表"模块中可查看扫描任务的进度和弱口令数量，如图 4-144 所示。

图 4-144 口令猜解任务详细结果 3

（3）在任务的"弱口令列表"模块中可查看操作系统中存在的弱口令，包括弱口令的服务信息、端口、用户名及密码，如图 4-145 所示。

（4）在任务的"历史执行记录"模块查看此任务的执行记录，如图 4-146 所示。

10）查看基于协议的口令猜解任务结果

（1）口令猜解任务执行结束后，单击名称为"口令猜解-xieyi"的任务，查看此次口令

图 4-145　弱口令列表 3

图 4-146　历史执行记录 3

猜解任务的详细信息以及猜解结果,包括查看任务的"主机列表""弱口令列表"和"历史执行记录",如图 4-147 所示。

图 4-147　查看口令猜解任务详细信息 4

(2) 在"主机列表"模块中可查看扫描主机的 IP 地址、任务进度以及弱口令数量,如图 4-148 所示。

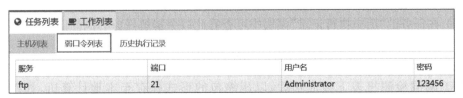

图 4-148　主机列表 4

(3) 在任务的"弱口令列表"模块中可查看针对 FTP 协议的弱口令服务信息、端口、用户名及密码,如图 4-149 所示。

图 4-149　弱口令列表 4

（4）在任务的"历史执行记录"模块查看此任务的执行记录，如图 4-150 所示。

图 4-150　历史执行记录 4

11）查看基于数据库的口令猜解任务结果

（1）口令猜解任务执行结束后，单击名称为"口令猜解-W3SP2"的任务，可以查看此次口令猜解任务的详细信息以及猜解结果，包括"主机列表""弱口令列表"和"历史执行记录"，如图 4-151 所示。

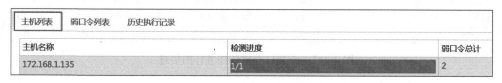

图 4-151　口令猜解任务详细结果 5

（2）在"主机列表"模块中可查看扫描任务的进度和弱口令数量，如图 4-152 所示。

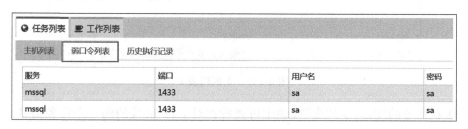

图 4-152　口令猜解任务详细结果 5

（3）在任务的"弱口令列表"模块中可查看针对 mssql 数据库的弱口令服务信息、端口、用户名及密码，如图 4-153 所示。

服务	端口	用户名	密码
mssql	1433	sa	sa
mssql	1433	sa	sa

图 4-153　弱口令列表 5

（4）在任务的"历史执行记录"模块中可查看此口令猜解任务的执行记录，如图 4-154 所示。

12）查看导出的漏洞检测报表

（1）漏洞检测报表下载成功后，以压缩包的形式保存至本地计算机，如图 4-155 所示。

图 4-154　历史执行记录 5

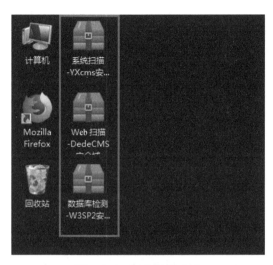

图 4-155　下载报表成功

（2）漏洞检测报表分为两部分：全部网站统计报表和此次扫描的详细报表，如图 4-156 所示。

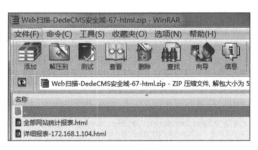

图 4-156　报表解压

（3）全部网站统计报表包括综述、资产漏洞排名、漏洞类别分布以及参考标准等信息，如图 4-157 所示。

（4）详细报表包括此次扫描网站中存在的漏洞的详细信息，如漏洞概要、漏洞 URL、解决方法以及测试用例等信息，如图 4-158 所示。

【实验思考】

针对漏洞扫描设备的管理工作，有什么看法与建议？

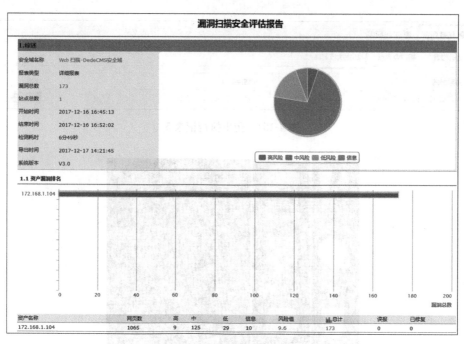

图 4-157　全部网站统计报表

图 4-158　详细报表